가장 쉬운 수학

미분

가장 쉬운 수학 **미분**

ⓒ 박구연, 2021

초판 1쇄 인쇄일 2021년 5월 10일
초판 1쇄 발행일 2021년 5월 17일

지은이 박구연
펴낸이 김지영   펴낸곳 지브레인^{Gbrain}
편 집 김현주
마케팅 조명구   제작·관리 김동영

출판등록 2001년 7월 3일 제2005-000022호
주소 04021 서울시 마포구 월드컵로7길 88 2층
전화 (02)2648-7224   팩스 (02)2654-7696

ISBN 978-89-5979-532-1 (04410)
ISBN 978-89-5979-534-5 SET

가장 쉬운 수학

미분

박구연 지음

지브레인

 머리말

　미분을 모른다고 해서 마트에서 계란을 사거나 편의점에서 음료수를 사는데 어려움을 겪는 것은 아니다. 미분을 몰라도 인터넷을 하고 문자를 주고받거나 주식을 사고 파는 것에 불편을 겪지도 않는다. 그런데도 왜 미분은 수학에서 중요한 자리를 차지하고 있는 것일까?

　학교에서 배우는 내용들이 실생활에서 더 유용하게 쓰일 수 있는 지식이면 참 좋을 텐데 군이 삼각함수니 미적분이니 물리니 역학이니 파동을 배우는 걸까?

　그것은 우리의 삶이 지금과 같은 편리함과 더더욱 발전된 혜택을 누리기 위해서 꼭 필요한 분야들에 미분을 사용하기 때문이다.

　인구 증가에 따른 대책, 인공위성을 성공적으로 발사하기 위한 궤도 계산, 방사능 원소의 반감기 계산이나 연대 측정을 할 때 등 수많은 분야에서 미분을 이용한다. 풍선의 부피 팽창이나 번지 점프를 할 때 변화율 계산에도 미분을 사용한다. 바이러스의 개체 변화도 미분을 통해 분석할 수 있다. 이처럼 미분은 우리의 실생활이나 전문분야에서 활발히 이용되고 있다.

　꼭 수학 공식으로만 미분을 할 수 있는 것도 아니다. 초등학교 때 꺾은 선 그래프를 배웠을 것이다. 이것이 미분의 시작이다. 그래프를 보면서 분석을 하는 것도 미분을 접하는 첫걸음 중 하나이다.

이처럼 중요한 미분을 한 권으로 소개하면서 고민이 많았다. 어떻게 하면 미분을 좀 더 이해하기 쉽게 설명할 수 있을까? 그 결과 삼각함수에 많은 비중을 두게 되었다. 미분은 자연 현상과 사회 현상에 대해 주기를 갖는 규칙이나 운동을 설명할 때 꼭 필요한데 그것을 뒷받침하기 위해 삼각함수가 필요하다. 삼각함수와 미분은 뗄레야 뗄 수 없는 관계인 것이다.

　다른 미분 책들과는 시작이나 구성이 좀 다르지만 그만큼 한 권으로 미분에 대한 개념과 이해를 끝낼 수 있도록 구성했으니 이 책을 통해 미분을 이해하려 한다면 수학 속 미분이라는 생각보다는 과학에도 필요하고 일상생활에도 흔히 접하는 필요한 미분으로 접근해주길 바란다.

　미분에 대한 기본 이해 및 꼭 필요한 부분들을 공부했으면 하는 마음에 난이도가 쉽고 어렵고를 떠나 전반적인 내용 파악에 중점을 둔 만큼, 흥미를 가지고 장이나 단락, 기간을 정해 쉬엄쉬엄 읽어나가고 풀어본다면 이 책은 여러분에게 많은 도움이 될 것이다. 미분을 순간변화율만으로 보지 않고 그래프의 개형과 분석이라는 개념을 항상 머릿속에 기억해두면 원리와 개념, 활용에 조금 더 수월해지지 않을까 생각한다.

박구연

CONTENTS

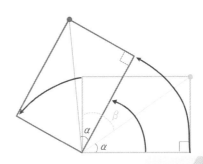

미분의 역사

미분은 고대 그리스에서부터 계속 연구되어온 수학의 한 분야이다. 미분을 이야기할 때는 뉴턴[I. Newton, 1642~1727]과 라이프니츠[G. W. Leibniz, 1646~1716]가 빠지지 않을 정도로 두 수학자의 업적이 유명하다. 미분이 어떻게 시작되었는지 정확하게 알려지지는 않았지만 학자들은 고대 그리스에서 건축과 물리학에 대한 관심에서 미분이 시작되었다고 추측하고 있다. 실제로 그리스의 아르키메데스[Archimedes, B.C 287~212]는 포물선 넓이를 구할 때 적분법을 구상하면서 미분법을 생각해냈다. 미분과 적분이 같이 탄생한 것이다. 14세기에는 옥스퍼드의 머튼 칼리지[Merton college] 스콜라 학자들이 물체에 관한 물리 연구를 진행하면서 연속변화에 관한 수학 공식을 세우기도 했다.

17세기에는 갈릴레오^{Galileo.G, 1564~1642}가 물체의 낙하운동을 연구하면서 시간과 거리, 속도, 가속도에 관한 미분방정식을 풀어 미분학에 대한 선구적인 업적을 남겼다. 또 뉴턴과 페르마^{P.D Fermat, 1601~1665}는 방정식으로 표현된 곡선에 접선을 그어 극댓값과 극솟값 문제를 해결했고 배로우^{I.Barrow, 1630~1677}의 접선 연구는 베르누이 부등식에도 많은 영향을 주었다. 그중에서도 물체가 움직이는 궤도에서의 속도와 가속도를 연구한 만유인력의 법칙을 미분법으로 설명한 뉴턴과 곡선의 접선과 극댓값, 극솟값을 해결하는 방법으로 미분법을 고안한 라이프니츠의 업적은 최고로 꼽힌다. 라이프니츠는 또한 현재 사용하는 함수의 정의와 개념, 용어 및 미분의 기호인 dx를 창안했다.

뉴턴과 라이프니츠가 이처럼 수학적 업적을 쌓아갈 때 영국의 수학자 테일러^{B. taylor, 1686~1731}는 도함수를 이용해 함수를 무한급수로 전개하는 '테일러의 급수에 관한 정리'를 발표한다. 영국의 수학자 매클로린^{C. Maclaurin, 1685~1731}은 테일러급수를 더 깊이 연구하면서 '유율법 연구'를 발표했다. 유율법 연구는 두 타원체의 인력에 관한 연구이다.

베르누이^{J. Bernoulli, 1667~1748}, 라플라스^{P. S. Laplace, 1749~1827}, 라그랑주^{J.L Lagrange, 1736~1813}, 푸리에^{J. B. J Fourier, 1768~1830} 등 여러 수학자들에 의해 극한을 중점으로 한 미분학의 연구는 계속 발전

해 푸리에 해석은 선형 미분방정식을 풀기 위한 필수서가 되었고 물리, 공학에서 빛과 파동에 널리 이용하고 있다. 이밖에도 몽주 G. Monge, 1746~1818, 야코비 C. G. J. Jacobi, 1804~1851등 수많은 학자들이 미분방정식을 물리에 이용했다. 야코비는 편미분 방정식을 연구해 해밀턴-야코비 방정식을 도입, 역학 연구에 중대한 역할을 했으며, 달랑베르 J.L.R. d'Alembert, 1717~1783와 오일러 L. Euler, 1707~1783는 미분의 복소수 체제를 도입했고 유체역학의 미분법 연구에 많은 업적을 남겼다.

또 코시 A. L. Cauchy, 1789~1857는 극한과 연속, 급수의 수렴과 발산에 대한 개념을 밝히고 미분의 가능과 함께 적분의 가능도 연구해 현재의 미적분 형태를 가지게 함으로써 수학사에 큰 기여를 했다. 그중 평균값의 정리는 코시의 유명한 이론이다.

적분과 함께 발전해온 미분은 현재 과학, 경제, 경영 등에 폭넓게 이용하고 있으며 수학의 중요한 분야로 인정받고 있다.

1장

함수

① 함수

함수의 정의

함수는 두 독립변수 X와 종속변수 Y의 관계를 말한다. 독립변수 X의 모든 변수에 대해 종속변수 Y가 하나씩 짝지어질 때 X를 정의역, Y를 공역이라 하며 $y=f(x)$로 나타낼 수 있다. 또 독립변수 x에 대입할 수 있는 모든 값을 정의역, 종속변수 y값이 될 수 있는 것을 공역이라 하며 x값이 정해짐에 따라 계산된 함숫값을 치역이라 한다.

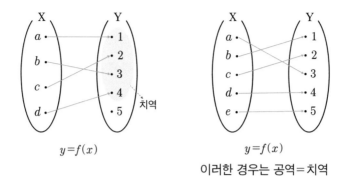

$y=f(x)$

$y=f(x)$

이러한 경우는 공역＝치역

함수의 분류

함수는 초등함수와 특수함수로 크게 나누며 다음과 같이 분류
한다.

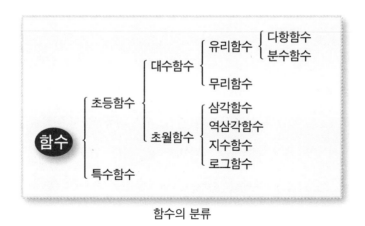

함수의 분류

초등함수$^{elementary\ function}$ 는 다시 대수함수$^{algebraic\ function}$ 와 초월

함수 $^{\text{transcendental function}}$로 나누어진다.

대수함수는 $y=f(x)$에서 $f(x)$가 대수식으로 이루어진 함수로, $y=x^3$, $y=\sqrt{x}+3$, $y=\dfrac{2}{x}$, $y=6x+4$와 같은 함수를 말한다.

초월함수는 $y=f(x)$에서 $f(x)$가 대수식으로 주어지지 않는 $y=\sin x$, $y=\cos x$, $y=a^x$, $y=\log_{10}x$, $y=\ln x$와 같은 함수를 말한다.

특수함수 $^{\text{Special function}}$는 미적분에 많이 쓰이는 함수로 테일러 급수, 감마함수, 리만 제타 함수, 베타함수 등 여러 가지가 있으며 복잡한 형태의 수식이 많다.

함수의 기울기

미분을 시작할 때 가장 먼저 이해해야 할 분야가 함수이다. 함수는 미분을 시작하는 첫걸음으로, 따라서 지금부터 함수를 살펴보려 한다.

$y=ax(a \neq 0)$의 일차함수가 있다. a는 기울기로서 일차함수의 그래프가 완만한지 급한지를 나타내는 정도이다. 기울기는 $\dfrac{y의\ 증감량}{x의\ 증감량}$ $\left(\text{또는 } \dfrac{y의\ 변화량}{x의\ 변화량}\right)$으로 구한다. 기울기가 0보다 크면 증가, 0보다 작으면 감소, 0이면 변화가 없음을 나타낸다. 그리고 기울기가 무한대(∞)이면 기울기가 없다고 한다.

$A(x_1,\ y_1),\ B(x_2,\ y_2)$의 두 좌표가 있으면 기울기는 $a=\dfrac{y_2-y_1}{x_2-x_1}$

또는 $\dfrac{y_1-y_2}{x_1-x_2}$ 가 된다. 함수의 목표는 x증감량에 따른 y증감량을 알기 위한 것이며 이를 나타낸 척도가 기울기가 된다. 기울기란 함수를 통해 그 변화량을 나타낸 것으로 다음의 예를 살펴보자.

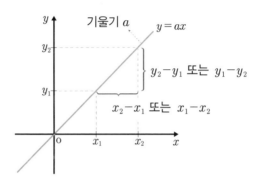

위의 그래프는 $a>0$로 증가하는 함수이다. a의 값이 커질수록 기울기는 커지고, y축에 가까워진다. 또 제1사분면과 제3사분면이 기울기의 변화가 같다. 만약 기울기가 $a<0$일 때는 어떻게 될까? 오른쪽 그래프를 살펴보자.

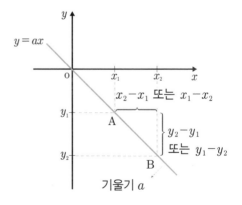

그래프에서 $a<0$이면 감소하는 그래프가 된다. $a>0$인 그래프와 다르게 a가 커질수록 더 완만하게 되고 x축에 가까워진다. 또 제2사분면과 제4사분면이 기울기의 변화가 같다.

그렇다면 상수함수는 어떨까? 상수함수^{constant function}는 $y=1$, $y=-4$처럼 정의역 x의 값에 상관없이 y값이 상수인 함수를 말한다.

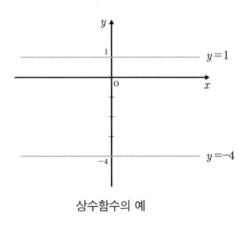

상수함수의 예

위의 상수함수 그래프의 기울기는 0이다. 경사가 없는 평평한 직선으로 생각하면 된다. x의 증감량에 비해 y의 증감량은 변화가 없기 때문에 기울기는 0이 된다.

계속해서 이번에는 기울기가 없을 때를 생각해보자. $x=a$ 그래프는 a값이 변하지 않고(a값은 일정하다) y축에 평행한 그래프이다. 이때 기울기는 무한대(∞)로 위로 향하게 된다. 직접 확인하기 위해 $x=1$ 그래프를 그려보면 다음과 같다.

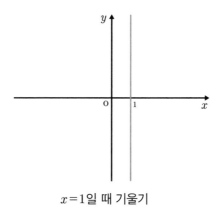

$x=1$일 때 기울기

$x=1$일 때는 x의 증감량에 따라 y의 증감량이 무한대(∞)로 상승하기 때문에 기울기는 정할 수 없다. 따라서 기울기는 없다.

이번에는 이차함수를 살펴보자. 이차함수는 포물선 모양이 된다.

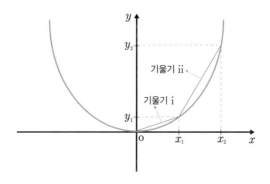

$x>0$일 때 $y=ax^2$ 그래프의 기울기

$y=ax^2\ (a>0)$의 그래프를 보면 기울기 i은 두 점 $(0,\ 0)$과 $(x_1,\ y_1)$의 기울기이며, 기울기 ii는 두 점 $(x_1,\ y_1)$과 $(x_2,\ y_2)$의 기울기이다. 그래프를 살펴보면 기울기 ii가 더 가파르다는 것을 알 수 있다. 따라서 이차함수는 기울기가 일정하지 않은 것을 알 수 있다. 일차함수는 기울기가 x, y 좌표의 이동에 관계없이 상수로 일정했다면 이차함수는 포물선 그래프이기 때문에 좌표마다 기울기 차이가 있는 것이다. 하지만 기울기 변화가 없는 좌표도 있다.

이번에는 제2사분면에서 이차함수의 그래프를 보자.

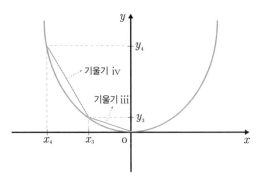

$x<0$일 때 $y=ax^2$ 그래프의 기울기

기울기 iii과 기울기 iv는 다르다는 것을 알 수 있다. 따라서 기울기가 정해져 있지 않은 현재 상황으로는 기울기를 정할 수도 구할 수도 없다. 일차함수에서 일차항의 계수 a는 기울기이지만 이차함수에서는 기울기가 아닌 폭의 너비가 되는 것이다. 이는 $a<0$일 때도 적용되어 기울기는 일정하지 않다.

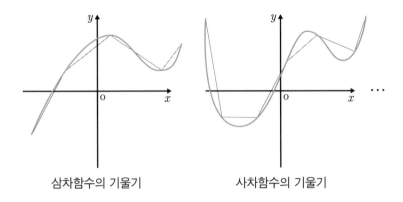

삼차함수의 기울기   사차함수의 기울기

계속해서 삼차함수, 사차함수의 그래프를 살펴보자.

그래프를 보면 차수가 높아지더라도 기울기가 일정하지 않음을 알 수 있다. 그래프에는 모두 나타내지 못했지만 기울기는 무수히 많다. 지금까지 이차함수, 삼차함수, 사차함수는 미분을 하기 전의 기울기이기 때문에 다양한 기울기가 나오고 그것을 정하는 것은 불가능하다. 삼각함수 또한 기울기는 무수히 많으며 이를 나타내면 다음과 같다.

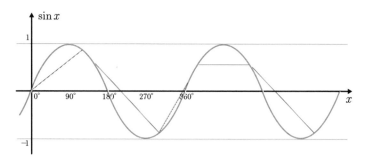

sin x의 그래프

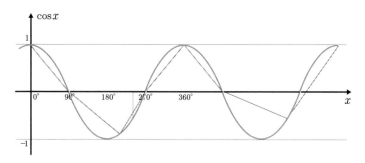

cos x의 그래프

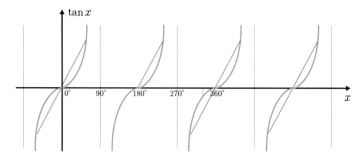

tan x의 그래프

$\sin x$, $\cos x$, $\tan x$의 그래프에서도 무수히 많은 기울기를 관찰할 수 있다. 이처럼 이차함수부터는 기울기를 정할 수 없지만 미분을 이용하게 되면 기울기에 관한 함수로 나타낼 수 있기 때문에 수학에서 미분은 중요한 위치를 차지하고 있다.

합성함수

합성함수는 두 개 이상의 함수를 합성한 함수이다. $f : x \rightarrow y$와 $g : y \rightarrow z$에 대해 $f(x)$ 값이 함수 g에 대신 들어간다. 이를 $g \circ f(x)$ 또는 $(g \circ f)(x)$ 또는 $g\{f(x)\}$로 나타낸다. $\circ$는 도트^{dot}로 읽는다.

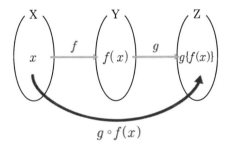

합성함수는 세 가지 성질이 있다.

첫 번째, 교환법칙이 성립하지 않는다.
즉 $g \circ f(x) \neq f \circ g(x)$이다.

이를 확인하기 위해 다음 예제를 풀어보자.

$g(x)=2x+1$, $f(x)=3x^2+4$일 때 $g \circ f(x)$와 $f \circ g(x)$를 비교해 보자.

$$g \circ f(x) = g\{f(x)\}$$
$$= g(3x^2+4)$$
$$= 2(3x^2+4)+1$$
$$= 6x^2+9$$

$$f \circ g(x) = f\{g(x)\}$$
$$= f(2x+1)$$
$$= 3(2x+1)^2+4$$
$$= 12x^2+12x+7$$

따라서 $g \circ f(x) \neq f \circ g(x)$이다.

두 번째, 결합법칙이 성립한다.

실제로 결합 법칙이 성립하는지 확인하려면 임의의 식을 세워 증명하면 된다.

$f(x)=3x+1$, $g(x)=2x^2+x$, $h(x)=4x-1$일 때 $(f \circ g) \circ h(x)$와 $f \circ (g \circ h)(x)$를 확인해 보자.

이 식에서는 $f(x)$, $g(x)$, $h(x)$를 일·이차함수로 하였는데 여러분은 더 높은 차수의 함수식을 대입해 증명해도 관계는 없다.

$(f \circ g) \circ h(x) = f \circ (g \circ h)(x)$가 성립하면 결합법칙이 성립하게
된다.

$$
\begin{aligned}
(f \circ g) \circ h(x) &= f\{g(h(x))\} = f\{g(4x-1)\} \\
&= f\{2(4x-1)^2 + (4x-1)\} \\
&= f(32x^2 - 12x + 1) \\
&= 3(32x^2 - 12x + 1) + 1 \\
&= 96x^2 - 36x + 4
\end{aligned}
$$

$$
\begin{aligned}
f \circ (g \circ h)(x) &= f\{g(h(x))\} \\
&= f\{g(4x-1)\} \\
&= f\{2(4x-1)^2 + (4x-1)\} \\
&= f(32x^2 - 12x + 1) \\
&= 3(32x^2 - 12x + 1) + 1 \\
&= 96x^2 - 36x + 4
\end{aligned}
$$

따라서 $(f \circ g) \circ h(x) = f \circ (g \circ h)(x)$이므로 결합법칙이 성립한다.

세 번째, $I \circ f(x) = f \circ I(x) = f(x)$가 성립한다.

여기서 $I(x) = x$로서 항등함수이다.

$I \circ f(x) = I\{f(x)\} = f(x)$, $f \circ I(x) = f\{I(x)\} = f(x)$이므로

$I \circ f(x) = f \circ I(x) = f(x)$는 성립한다.

② 미분에 필요한 함수

일대일 함수

일대일 함수(단사함수 $^{injective\ fuction}$ 로 부르기도 한다)는 정의역의 모든 원소가 공역의 원소에 1:1로 대응한 함수이다. 정의역 원소는 서로 다르며 공역 원소에 하나씩 대응한다. 그리고 치역은 공역을 포함하며, 치역과 공역은 일치하지 않는다.

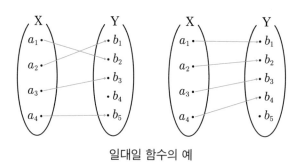

일대일 함수의 예

일대일대응

일대일대응은 일대일 함수에 조건을 더 까다롭게 한 함수라고 생각하면 된다. $y=f(x)$를 만족하는 정의역 원소가 모두 공역 원소에 만족할 때 치역과 공역이 일치하는 경우 일대일대응이다.

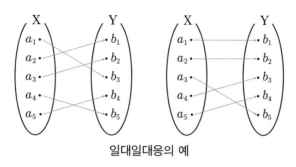

일대일대응의 예

일대일대응은 정의역과 공역이 $1:1$로 대응한다.

역함수

함수는 x값을 대입하면 y값이 나온다. 역함수$^{\text{inverse function}}$는 거꾸로 y값을 대입하면 x값이 나오는 함수로, 일대일대응인 함수에서만 존재한다. $f^{-1}:Y \rightarrow X$로 정의되며, $f(x)=y$인 함수의 역함수는 $f^{-1}(y)=x$로 나타낸다. f^{-1}의 -1는 역함수의 기호로 인버스^{inverse}로 읽는다.

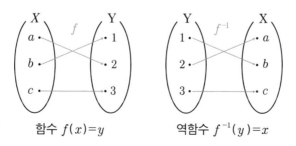

함수 $f(x)=y$ 역함수 $f^{-1}(y)=x$

함수를 역함수로 바꿀 때는 좌변을 x에 관한 식으로, 우변을 y와 상수에 관한 식으로 나타낸 후 x, y를 서로 바꾼다. 그리고서 y에 관한 식으로 나타낸 것이 역함수이다.

$y=3x+2$의 역함수를 구해보자.

$3x=y-2$

양변을 3으로 나누면

$x=\dfrac{y-2}{3}$

역함수를 구하기 위해 x, y를 서로 바꾸면

$y=\dfrac{x-2}{3}$

$\therefore \; f^{-1}(x)=\dfrac{x-2}{3}$

역함수는 4가지 성질이 있다. 이 성질이 성립하기 위한 식을 확인해보자.

$f(x)=3x-1$의 역함수는 $f^{-1}(x)=\dfrac{x+1}{3}$이다.

여기서 첫 번째 성질은 $f-1 \circ f(x)=f \circ f-1(x)=I(x)$이다. 풀어보면,

$f^{-1} \circ f(x)=f^{-1}(f(x))=f^{-1}(3x-1)=\dfrac{(3x-1)+1}{3}=x$

$f \circ f^{-1}(x)=f(f^{-1}(x))=f\left(\dfrac{x+1}{3}\right)=3\left(\dfrac{x+1}{3}\right)-1=x$

따라서 $f^{-1} \circ f(x) = f \circ f^{-1}(x) = I(x)$는 성립한다.

두 번째 성질은 $(f^{-1})^{-1}(x) = f(x)$이다.

좌변의 $(f^{-1})^{-1}(x) = 3x - 1 = f(x)$ 즉 역함수를 두 번한 것은 함수가 된다. 우변은 $f(x)$이므로 양변은 성립한다.

세 번째는 $g \circ f(x) = I(x)$이면 $g = f^{-1}(x)$이며, $f \circ g(x) = I(x)$이면 $f(x) = g^{-1}(x)$이다.

이것은 첫 번째 성질 $f \circ f^{-1}(x) = I(x)$와 $f^{-1} \circ f(x) = I(x)$를 생각하면 $g(x) = f^{-1}(x)$가 되어야 하고, $f(x) = g^{-1}(x)$가 되어야 한다.

네 번째는 $(g \circ f)^{-1}(x) = (f^{-1} \circ g^{-1})(x)$이다.

$f(x) = 6x - 7$, $g(x) = 4x + 1$일 때

$$(g \circ f)^{-1}(x) = \{ g(6x - 7) \}^{-1}$$
$$= \{ 4(6x - 7) + 1 \}^{-1}$$
$$= (24x - 27)^{-1}$$
$$= \frac{x + 27}{24}$$

$$(f^{-1} \circ g^{-1})(x) = f^{-1}\left(\frac{1}{4}x - \frac{1}{4} \right)$$
$$= \left\{ \frac{1}{6} \times \left(\frac{1}{4}x - \frac{1}{4} \right) + \frac{7}{6} \right\}$$
$$= \frac{x + 27}{24}$$

지수함수

$a>0$, $a \neq 1$일 때 x에 관한 함수 $y=a^x$은 a를 밑으로 하는 지수함수 exponential function이다. 지수함수는 a의 범위에 따라 $a>1$일 때와 $0<a<1$일 때의 두 형태로 나누어진다.

$a>1$일 때는 x값이 증가함에 따라 y값이 증가하는 함수이며, x값이 감소하면 y값은 0에 가깝게 된다. 그리고 x축은 점근선이 된다.

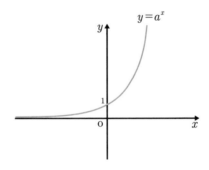

$a>1$일 때 지수함수 $y=a^x$ 그래프

정의역은 모든 실수이며 치역은 $y>0$이다. 지수함수 $y=e^x$에서 $e>1$이므로 위의 그래프의 모양이 된다.

$0<a<1$일 때는 x값이 증가함에 따라 y값이 감소하는 함수이며, x값이 증가함에 따라 y값은 0에 가깝게 된다. 이 함수도 x축이 점근선이다.

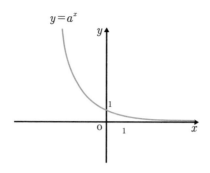

$$y = a^x$$

0 < a < 1일 때 지수함수 $y = a^x$ 그래프

 지수함수는 $a > 0$일 때와 $0 < a < 1$일 때의 두 형태로 나누지만 두 함수의 공통점은 정의역과 공역이 일대일대응을 하며 항상 $(0, 1)$을 지난다는 것이다.

로그함수

 로그함수logarithmic function는 어떤 수를 나타내기 위해 고정된 밑을 몇 번 곱해야 하는지를 나타내는 함수이다. 존 네이피어John Napier, 1550~1617가 창안했으며 복잡한 단위의 계산을 간편하게 할 수 있다는 장점 때문에 로그표 및 계산자 등의 발명품과 함께 여러 분야의 학자들에게 널리 퍼졌다. 지수에 대비된다는 의미에서 대수對數로 부르기도 하며 지수함수와 역함수 관계이다.

 로그함수도 a를 기준으로, $a > 1$일 때와 $0 < a < 1$일 때의 두 가지

의 형태로 나누어진다. 정의역은 $x>0$이고, 치역은 실수 전체이다.

$a>1$일 때 x가 한없이 0에 가까워지면 $\log_a x$의 값은 음의 무한대($-\infty$)가 된다.

점 $(1, 0)$을 지나고, y축이 점근선이다

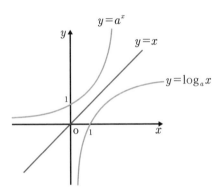

$a>1$일 때 $y=a^x$ 그래프와 $y=\log_a x$ 그래프

그림을 통해 $y=a^x$ 그래프와 $y=x$ 그래프의 대칭 그래프가 $y=\log_a x$인 것을 알 수 있다. 로그함수를 그릴 때는 $(1, 0)$을 지난 그래프로 완만하게 증가하는 함수를 나타낸다.

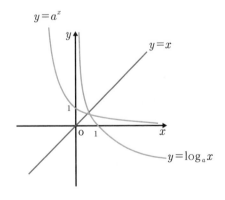

$0<a<1$일 때 $y=a^x$ 그래프와 $y=\log_a x$ 그래프

0<a<1일 때 $\log_a x$ 그래프는 $y=a^x$ 그래프를 $y=x$ 그래프에 대칭하여 그린 그래프이다. x가 한없이 0에 가까워지면 $\log_a x$의 값은 무한대(∞)로 커진다. x가 커지면 음의 무한대(−∞)로 가며 이때도 점 (1, 0)을 지나고, y축이 점근선이다.

로그함수 중에는 자연로그함수가 있는데 밑이 자연대수 e (≒2.713)일 때 사용한다. 자연로그함수는 밑 a를 쓰지 않고 진수 x는 그대로 써서 $\ln x$로 표기한다. 이때 점 (1, 0)을 지나는 것은 로그함수와 같다.

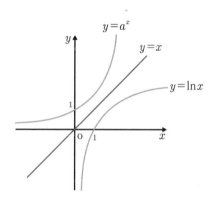

0<a<1일 때 $y=a^x$ 그래프와 $y=\ln x$ 그래프

자연로그함수 $y=\ln x$ 그래프는 $y=e^x$ 그래프를 $y=x$ 그래프에 대칭해 그린 그래프이다. 정의역 x가 0보다 큰 실수이며 공역 y는 모든 실수가 된다. 그래프의 개형은 로그함수와 비슷하다.

삼각함수

삼각비는 직각삼각형에서 해당각에 대한 두 변의 비를 말한다. 삼각비는 사인^{sine}, 코사인^{cosine}, 탄젠트^{tangent}, 코시컨트^{cosecant}, 시컨트^{secant}, 코탄젠트^{cotangent}가 있다.

삼각함수$^{trigonometric\ functions}$는 평면 위에 O를 원점으로 가지고 x, y축을 갖는 좌표계를 그린 후 각에 따라 삼각비의 함숫값을 나타낸 것이다.

삼각함수에 쓰이는 용어와 공식

도수법

우리가 흔히 두 변 사이나 도형의 각도를 표현하는 방법을 도수법이라 한다. $20°, 60°, 100°$ 등 각도를 나타낸다.

호도법

삼각함수에는 도수법만큼이나 호도법도 많이 쓰인다. 호도법은 도수법을 기준으로 바꾸어야 하며, 익숙해지기 위해서는 연습이 필요하다. 반지름 길이와 호의 길이가 같은 부채꼴의 중심각 크기를 1라디안^{radian}이라 하며, 이를 단위로 각의 크기를 나타낸 것을 호도법이라 한다. 호도법으로 고칠 때 라디안은 생략한다.

$$1(\text{라디안}) = \frac{180°}{\pi}, \quad 1° = \frac{\pi}{180}(\text{라디안})$$

예를 들어 호도법을 이용해 각을 나타내면 $30°=30°×\dfrac{\pi}{180°}=\dfrac{\pi}{6}$, $45°=45°×\dfrac{\pi}{180°}=\dfrac{\pi}{4}$가 된다. $90°=\dfrac{\pi}{2}$, $180°=\pi$인 것을 기억하면 호도법으로 빠르게 고칠 수 있다. 삼각함수의 극한값을 구할 때와 미분할 때 호도법을 사용하면 편리하다.

부채꼴 호의 길이와 넓이

반지름 길이를 r, 중심각 크기를 θ로 하면 부채꼴 호의 길이 $l=r\theta$, 부채꼴의 넓이 $S=\dfrac{1}{2}r^2\theta=\dfrac{1}{2}rl$이다.

삼각비

정삼각형 CAD가 있다. 정삼각형의 한 내각의 크기는 $60°$이다. 이 정삼각형을 꼭짓점 C에서 이등분해 수직으로 내려보자. 수직으로 내린 점을 B로 할 때 그림은 오른쪽과 같다.

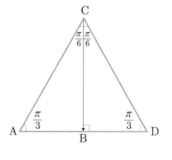

여기서 $\overline{\mathrm{BC}}$를 따라 자르면, 직각삼각형 CAB와 직각삼각형 CDB로 나눠지는데, 직각삼각형 CAB만 따로 살펴보자.

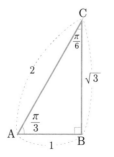

$\overline{AC}$의 길이를 2로 가정하면 $\overline{AB}$의 길이는 정삼각형 한 변의 길이의 $\frac{1}{2}$이므로 1이 된다. $\overline{BC}$의 길이는 피타고라스의 정리에 따라 $\sqrt{3}$이다. 이 직각삼각형은 $\overline{AC} : \overline{AB} : \overline{BC} = 2 : 1 : \sqrt{3}$으로, 이론적으로 많이 응용되는 비^{比}이므로 꼭 기억해둬야 한다.

직각삼각형 CAB에서 ∠A의 사인은 다음과 같다.

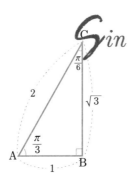

$$\angle A의 사인 = \sin\frac{\pi}{3} = \frac{높이}{빗변의 길이} = \frac{\overline{BC}}{\overline{AC}} = \frac{\sqrt{3}}{2}$$

이것은 각도와 변의 길이가 주어졌을 경우로,

$$\sin\theta = \frac{높이}{빗변의 길이} = \frac{a}{c}$$ 로 나타낼 수 있다.

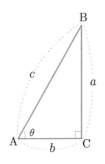

직각삼각형 CAB에서 ∠A의 코사인은 다음과 같다.

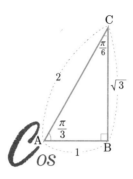

$$\angle A의\ 코사인 = \cos \frac{\pi}{3} = \frac{밑변의\ 길이}{빗변의\ 길이} = \frac{1}{2}$$

코사인 또한 각도와 변의 길이가 주어졌을 때이며,

$\cos\theta = \dfrac{밑변의\ 길이}{빗변의\ 길이} = \dfrac{b}{c}$ 로 나타낼 수 있다.

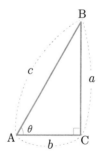

∠A의 탄젠트는 다음과 같다.

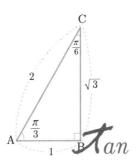

$$\angle A의 \ 탄젠트 = \tan \frac{\pi}{3} = \frac{높이}{밑변의 \ 길이} = \frac{\sqrt{3}}{1} = \sqrt{3}$$

탄젠트 역시 각도와 변의 길이가
주어졌을 때이며,

$$\tan \theta = \frac{높이}{밑변의 \ 길이} = \frac{a}{b} 로 \ 나타낼$$

수 있다.

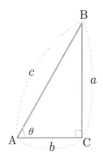

따라서 $\tan \theta = \dfrac{\sin \theta}{\cos \theta}$ 이며, $\sin \theta = \dfrac{a}{c}$, $\cos \theta = \dfrac{b}{c}$ 이므로

$$\tan \theta = \frac{\dfrac{a}{c}}{\dfrac{b}{c}} = \frac{a}{b} 로 \ 확인할 \ 수 \ 있다.$$

그리고 자주 나오는 삼각비의 값은 $0 \le \theta \le \dfrac{\pi}{2}$ 구간에서 다음의 표로 나타낸다.

라디안 삼각비	0	$\dfrac{\pi}{6}$	$\dfrac{\pi}{4}$	$\dfrac{\pi}{3}$	$\dfrac{\pi}{2}$
sin	0	$\dfrac{1}{2}$	$\dfrac{\sqrt{2}}{2}$	$\dfrac{\sqrt{3}}{2}$	1
cos	1	$\dfrac{\sqrt{3}}{2}$	$\dfrac{\sqrt{2}}{2}$	$\dfrac{1}{2}$	0
tan	0	$\dfrac{\sqrt{3}}{3}$	1	$\sqrt{3}$	∞

사인, 코사인, 탄젠트 그래프는 다음과 같다.

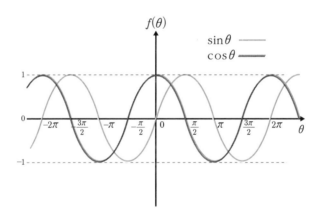

사인과 코사인 그래프

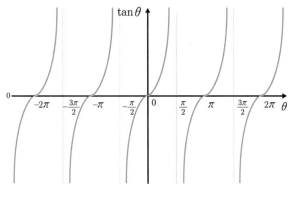

탄젠트 그래프

삼각함수 단위원과 좌표평면

좌표평면에서 원점을 중심으로 하고 반지름 길이를 1로 하는 원을 단위원이라 한다. 단위원은 삼각함수에 관한 증명에서 널리 쓰인다. x축이나 y축에서 반지름과 이루는 각을 라디안이라 하며, θ로 표기한다. θ는 중심각에도 쓰이는 기호이다.

좌표평면에 단위원을 나타내고 x, y를 순서쌍으로 나타낸 그래프는 다음과 같다.

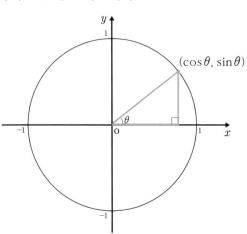

여기서 $(x, y) = (\cos\theta, \sin\theta)$로, 피타고라스의 정리를 이용하면 $\cos^2 + \sin^2 = 1^2$이 성립함을 알 수 있다. 기울기는 $\dfrac{y의\ 증감량}{x의\ 증감량}$이다. 이 경우 제1사분면에는 $\cos\theta$와 $\sin\theta$가 양수이다. 그렇다면 제2사분면은 어떻게 나타날까?

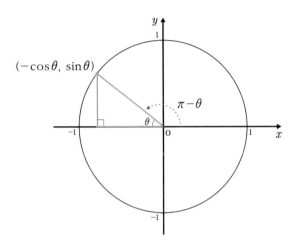

$\pi - \theta$만큼 각이 이동하면 $(x, y) = (-\cos\theta, \sin\theta)$로, x좌표는 음수로 바뀌고 y좌표는 그대로이다. x좌표가 $\cos\theta$에서 $-\cos\theta$로 변하는 이유는 y축을 대칭으로 x좌표가 음수로 바뀌었기 때문이다. 뿐만 아니라 $\cos(\pi - \theta) = -\cos\theta$가 되는 것을 확인할 수 있다. 여기서도 직각삼각형의 피타고라스의 정리를 이용하면 $(-\cos\theta)^2 + (\sin\theta)^2 = 1^2$ 이 성립한다.

계속해서 제3사분면의 x좌표와 y좌표를 살펴보자.

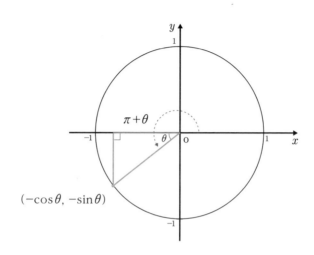

$\pi+\theta$만큼 각이 이동하면 $(x,\ y)=(-\cos\theta,\ -\sin\theta)$이다.

x좌표와 y좌표 모두 음수로 변했다. x좌표가 $\cos\theta$에서 $-\cos\theta$로 변하는 이유는 원점을 대칭으로 x좌표가 음수로 변했기 때문이며, y좌표도 원점을 대칭으로 변하여 음수가 되었다. 또한 $\cos(\pi+\theta)=-\cos\theta$, $\sin(\pi+\theta)=-\sin\theta$로 변하는 것을 알 수 있다. 여기서도 직각삼각형의 피타고라스의 정리를 이용하면 $(-\cos\theta)^2+(-\sin\theta)^2=1^2$이 성립한다.

마지막으로 제4사분면의 x좌표와 y좌표를 살펴보자.

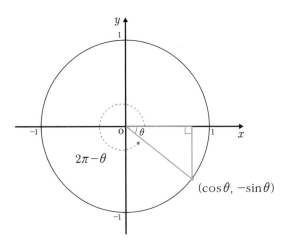

$2\pi-\theta$만큼 각이 이동하면 $(x,\ y)=(\cos\theta,\ -\sin\theta)$이다. x좌표는 그대로이고, y좌표는 음수로 변했다. x축을 대칭으로 y좌표가 음수로 변한 것이다. 또한 $\cos(2\pi-\theta)=\cos\theta$, $\sin(2\pi-\theta)=-\sin\theta$로 변하는 것을 알 수 있다. 여기서도 직각삼각형의 피타고라스의 정리를 이용하면 $(\cos\theta)^2+(-\sin\theta)^2=1^2$이 성립한다.

그렇다면 $\sin(-1560°)$는 어떻게 나타낼 수 있을까?

$$\sin(-1560°)=\sin(-360°\times\underset{\text{4번 회전}}{4}-120°)$$

$$=\sin(-120°)$$

$$=\sin240°$$

$$=-\frac{\sqrt{3}}{2}$$

여기서 $-360° \times 4$는 거꾸로 4번 회전했다는 의미인 만큼 원점으로 돌아오게 된다. 따라서 $\cos 2910°$ 또한 $\cos(360° \times 8 + 30°) = \cos 30° = \dfrac{\sqrt{3}}{2}$이다.

이번에는 $\sin\theta > \cos\theta$인 그래프를 살펴보자. 여기서 단위원은 $\cos\theta = x$, $\sin\theta = y$임을 알고, $\sin\theta = \cos\theta$인 $y = x$인 그래프를 그린다. $y = x$인 단위원의 각도는 $\dfrac{\pi}{4}$이며, 그래프는 아래와 같다.

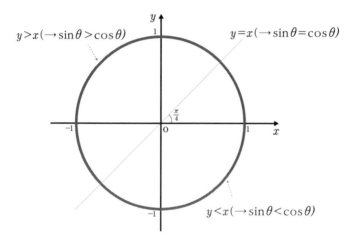

$\sin\theta > \cos\theta$인 영역을 그리면 위의 그래프가 되며, $y > x$인 영역이므로 색칠한 부분이 해당된다. 이때 $\dfrac{\pi}{4} < \theta < \dfrac{5}{4}\pi$이다.

$\sin\theta + \cos\theta = -1$에서 θ를 알아내는 문제가 있다면, $\cos\theta = x$, $\sin\theta = y$로 하고 단위원과 $y = -x - 1$의 그래프가 만나는 점을 생

각한다.

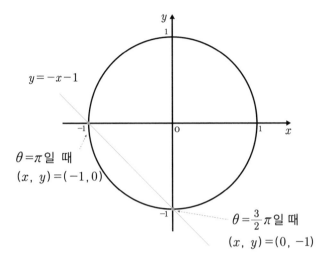

$y=-x-1$

$\theta=\pi$일 때
$(x,\ y)=(-1,0)$

$\theta=\dfrac{3}{2}\pi$일 때
$(x,\ y)=(0,\ -1)$

위의 그래프에서 단위원과 $y=-x-1$의 그래프가 만나는 두 점은 π와 $\dfrac{3}{2}\pi$이다. 따라서 $\sin\theta+\cos\theta=-1$를 만족하는 $\theta=\pi$, $\dfrac{3}{2}\pi$이다.

삼각비의 역수 관계

삼각비 $\sin\theta$, $\cos\theta$, $\tan\theta$와 역수관계^{逆數關係}에 있는 삼각비는 $\csc\theta^{코시컨트}$, $\sec\theta^{시컨트}$, $\cot\theta^{코탄젠트}$이다.

$$\csc\theta=\frac{1}{\sin\theta}$$

$$\sec \theta = \frac{1}{\cos \theta}$$

$$\cot \theta = \frac{1}{\tan \theta}$$

$\sin \theta = \frac{2}{3}$ 이면 $\csc \theta = \frac{3}{2}$ 이 된다.

$\cos \theta = \frac{1}{7}$ 이면 $\sec \theta = 7$ 이다.

$\tan \theta = \frac{5}{4}$ 이면 $\cot \theta = \frac{4}{5}$ 이다.

삼각함수의 여러 가지 공식

　삼각함수에는 많은 공식이 나오는데 이에 대해 공식을 유도하는 연습이 필요하다. 하나의 이론에서 수많은 공식이 나오는 만큼 그 과정을 이해하면 기억하는 데 많은 도움이 된다. 다음의 그림은 단위원 안의 직각삼각형이 각을 β만큼 이동한 것이다.

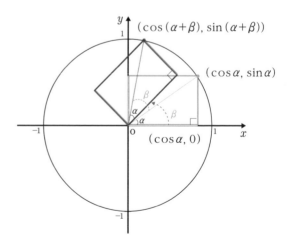

직각삼각형에서 선을 하나 더 그으면 직사각형이 되고 직각삼각형의 빗변은 대각선이 된다. 계속해서 좌표평면과 단위원을 지우고 직사각형을 나타내면 화살표 다음 그림과 같다.

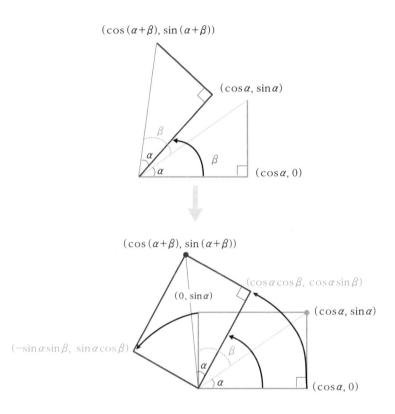

위의 그림은 두 직사각형의 꼭짓점의 이동에 따른 좌표이동을 나타낸 것이다. 화살표가 나타내는 것과 같이 $(0, \sin\alpha)$가

$$\left\{\sin\alpha\cos\left(\frac{\pi}{2}+\beta\right),\ \sin\alpha\sin\left(\frac{\pi}{2}+\beta\right)\right\} = (-\sin\alpha\sin\beta,\ \sin\alpha\cos\beta)$$

가 된다.

마찬가지로 $(\cos\alpha, 0)$이 $(\cos\alpha\cos\beta, \cos\alpha\sin\beta)$로 이동한다.

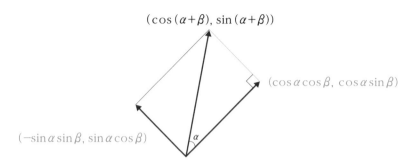

위의 직사각형을 벡터의 성질을 이용하여 나타내면,

x좌표 $\cos(\alpha+\beta)=-\sin\alpha\sin\beta+\cos\alpha\cos\beta$,

y좌표 $\sin(\alpha+\beta)=\sin\alpha\cos\beta+\cos\alpha\sin\beta$이 된다.

$\sin(\alpha+\beta)=\sin\alpha\cos\beta+\cos\alpha\sin\beta$ 공식이 나오면

$\sin(\alpha-\beta)$의 공식을 유도할 수 있다.

방법은 β 대신 $-\beta$를 대입하는 것이다. 따라서,

$$\sin(\alpha+(-\beta))=\sin\alpha\cos(-\beta)+\cos\alpha\sin(-\beta)$$
$$=\sin\alpha\cos\beta-\cos\alpha\sin\beta$$
$$=\sin(\alpha-\beta)$$

앞서 말한 x좌표에서 $\cos(\alpha+\beta)=\cos\alpha\cos\beta-\sin\alpha\sin\beta$이

고, β 대신 $-\beta$를 대입하면 $\cos(\alpha-\beta)=\cos\alpha\cos\beta+\sin\alpha\sin\beta$

이다.

그리고

$$\tan(\alpha+\beta)=\frac{\sin(\alpha+\beta)}{\cos(\alpha+\beta)}=\frac{\sin\alpha\cos\beta+\cos\alpha\sin\beta}{\cos\alpha\cos\beta-\sin\alpha\sin\beta}$$

분모와 분자를 $\cos\alpha\cos\beta$로 나누면

$$=\frac{\dfrac{\sin\alpha\cos\beta}{\cos\alpha\cos\beta}+\dfrac{\cos\alpha\sin\beta}{\cos\alpha\cos\beta}}{1-\dfrac{\sin\alpha\sin\beta}{\cos\alpha\cos\beta}}=\frac{\tan\alpha+\tan\beta}{1-\tan\alpha\tan\beta}$$

$$\tan(\alpha-\beta)=\frac{\sin(\alpha-\beta)}{\cos(\alpha-\beta)}=\frac{\sin\alpha\cos\beta-\cos\alpha\sin\beta}{\cos\alpha\cos\beta+\sin\alpha\sin\beta}$$

분모와 분자를 $\cos\alpha\cos\beta$로 나누면

$$=\frac{\dfrac{\sin\alpha\cos\beta}{\cos\alpha\cos\beta}-\dfrac{\cos\alpha\sin\beta}{\cos\alpha\cos\beta}}{1+\dfrac{\sin\alpha\sin\beta}{\cos\alpha\cos\beta}}=\frac{\tan\alpha-\tan\beta}{1+\tan\alpha\tan\beta}$$

따라서 덧셈정리는 다음과 같다.

$$\sin(\alpha\pm\beta)=\sin\alpha\cos\beta\pm\cos\alpha\sin\beta$$

$$\cos(\alpha\pm\beta)=\cos\alpha\cos\beta\mp\sin\alpha\sin\beta$$

$$\tan(\alpha\pm\beta)=\frac{\tan\alpha\pm\tan\beta}{1\mp\tan\alpha\tan\beta}$$

삼각함수의 덧셈정리를 이용하여 $\sin75°$를 구해보자.

$$\sin75°=\sin(30°+45°)$$

$$=\sin30°\cos45°+\cos30°\sin45°$$

$$= \frac{1}{2} \times \frac{\sqrt{2}}{2} + \frac{\sqrt{3}}{2} \times \frac{\sqrt{2}}{2} = \frac{\sqrt{2}+\sqrt{6}}{4}$$

$\cos 15°$를 덧셈정리를 이용해 풀어보면,

$$\cos 15° = \cos (45° - 30°)$$

$$= \cos 45° \cos 30° + \sin 45° \sin 30°$$

$$= \frac{\sqrt{2}}{2} \times \frac{\sqrt{3}}{2} + \frac{\sqrt{2}}{2} \times \frac{1}{2} = \frac{\sqrt{6}+\sqrt{2}}{4}$$

$\tan 105°$를 덧셈정리를 이용해 풀어보자.

$$\tan 105° = \tan (45° + 60°)$$

$$= \frac{\tan 45° + \tan 60°}{1 - \tan 45° \tan 60°}$$

$$= \frac{1 + \sqrt{3}}{1 - 1 \times \sqrt{3}}$$

$$= -2 - \sqrt{3}$$

2배각공식

2배각공식은 2α의 삼각함수를 α의 삼각함수로 나타낸 공식을 말한다. 2배각공식은 삼각함수의 덧셈정리에서 유도되는데 그 과정은 다음과 같다.

$\sin (\alpha + \beta) = \sin \alpha \cos \beta + \cos \alpha \sin \beta$에서 β에 α를 대입하면,

$$\sin 2\alpha = \sin\alpha\cos\alpha + \cos\alpha\sin\alpha$$

$$= 2\sin\alpha\cos\alpha$$

$\cos(\alpha+\beta) = \cos\alpha\cos\beta - \sin\alpha\sin\beta$에서 β에 α를 대입하면,

$$\cos 2\alpha = \cos\alpha\cos\alpha - \sin\alpha\sin\alpha$$

$$= \cos^2\alpha - \sin^2\alpha$$

$$= 1 - 2\sin^2\alpha$$

$$= 2\cos^2\alpha - 1$$

$$\tan 2\alpha = \frac{\sin 2\alpha}{\cos 2\alpha}$$

$$= \frac{2\sin\alpha\cos\alpha}{\cos^2\alpha - \sin^2\alpha}$$

분모와 분자를 $\cos^2\alpha$로 나누면,

$$= \frac{2\tan\alpha}{1 - \tan^2\alpha}$$

3배각공식

$$\sin 3\alpha = \sin(\alpha + 2\alpha)$$

$$= \sin\alpha\cos 2\alpha + \cos\alpha\sin 2\alpha$$

$$= \sin\alpha(1 - 2\sin^2\alpha) + \cos\alpha \times 2\sin\alpha\cos\alpha$$

$$= \sin\alpha - 2\sin^3\alpha + 2\sin\alpha\cos^2\alpha$$

$$= \sin\alpha - 2\sin^3\alpha + 2\sin\alpha(1 - \sin^2\alpha)$$

$$= \sin\alpha - 2\sin^3\alpha + 2\sin\alpha - 2\sin^3\alpha$$

$$= 3\sin\alpha - 4\sin^3\alpha$$

$$\cos 3\alpha = \cos(\alpha + 2\alpha)$$

$$= \cos\alpha\cos 2\alpha - \sin\alpha\sin 2\alpha$$

$$= \cos\alpha(1 - 2\sin^2\alpha) - \sin\alpha \times 2\sin\alpha\cos\alpha$$

$$= \cos\alpha - 2\sin^2\alpha\cos\alpha - 2\sin^2\alpha\cos\alpha$$

$$= \cos\alpha - 4\sin^2\alpha\cos\alpha$$

$$= \cos\alpha - 4(1 - \cos^2\alpha)\cos\alpha$$

$$= 4\cos^3\alpha - 3\cos\alpha$$

$$\tan 3\alpha = \frac{\sin 3\alpha}{\cos 3\alpha}$$

$$= \frac{3\sin\alpha - 4\sin^3\alpha}{4\cos^3\alpha - 3\cos\alpha}$$

분모와 분자를 $\cos^3\alpha$로 나누면

$$= \frac{3\tan\alpha\sec^2\alpha - 4\tan^3\alpha}{4 - 3\sec^2\alpha}$$

$\sec^2\alpha = 1 + \tan^2\alpha$를 대입하여 정리하면

$$= \frac{3\tan\alpha(1 + \tan^2\alpha) - 4\tan^3\alpha}{4 - 3(1 + \tan^2\alpha)}$$

$$= \frac{3\tan\alpha - \tan^3\alpha}{1 - 3\tan^2\alpha}$$

반각공식

반각공식은 삼각함수의 어떤 각의 $\dfrac{1}{2}$ 을 그 각의 삼각함수로 나타낸 것을 말한다.

$\cos 2\alpha = 1 - 2\sin^2\alpha$ 에서 α 대신 $\dfrac{\alpha}{2}$ 를 대입하면,

$$\cos\alpha = 1 - 2\sin^2\dfrac{\alpha}{2}$$

좌변과 우변을 바꾸고 정리하면

$$\sin^2\dfrac{\alpha}{2} = \dfrac{1-\cos\alpha}{2}$$

$\cos 2\alpha = 2\cos^2\alpha - 1$ 에서 α 대신 $\dfrac{\alpha}{2}$ 를 대입하면,

$$\cos\alpha = 2\cos^2\dfrac{\alpha}{2} - 1$$

좌변과 우변을 바꾸고 정리하면

$$\cos^2\dfrac{\alpha}{2} = \dfrac{1+\cos\alpha}{2}$$

$$\tan^2\dfrac{\alpha}{2} = \dfrac{\sin^2\dfrac{\alpha}{2}}{\cos^2\dfrac{\alpha}{2}} = \dfrac{1-\cos\alpha}{1+\cos\alpha}$$

삼각함수의 곱의 형태를 합차의 형태로 나타내기

$\sin(\alpha+\beta) = \sin\alpha\cos\beta + \cos\alpha\sin\beta$ 와

$\sin(\alpha-\beta) = \sin\alpha\cos\beta - \cos\alpha\sin\beta$ 를 더하면,

$$\sin(\alpha+\beta)=\sin\alpha\cos\beta+\cos\alpha\sin\beta$$

$$+)\ \underline{\sin(\alpha-\beta)=\sin\alpha\cos\beta-\cos\alpha\sin\beta}$$

$$\sin(\alpha+\beta)+\sin(\alpha-\beta)=2\sin\alpha\cos\beta$$

양변에 $\frac{1}{2}$ 을 곱하고 좌변과 우변을 바꾸면

$$\sin\alpha\cos\beta=\frac{1}{2}\{\sin(\alpha+\beta)+\sin(\alpha-\beta)\}$$

그리고 $\sin(\alpha+\beta)=\sin\alpha\cos\beta+\cos\alpha\sin\beta$와

$\sin(\alpha-\beta)=\sin\alpha\cos\beta-\cos\alpha\sin\beta$를 빼서 정리하면,

$$\cos\alpha\sin\beta=\frac{1}{2}\{\sin(\alpha+\beta)-\sin(\alpha-\beta)\}$$

$\cos(\alpha+\beta)=\cos\alpha\cos\beta-\sin\alpha\sin\beta$와

$\cos(\alpha-\beta)=\cos\alpha\cos\beta+\sin\alpha\sin\beta$를 더하면,

$$\cos(\alpha+\beta)=\cos\alpha\cos\beta-\sin\alpha\sin\beta$$

$$+)\ \underline{\cos(\alpha-\beta)=\cos\alpha\cos\beta+\sin\alpha\sin\beta}$$

$$\cos(\alpha+\beta)+\cos(\alpha-\beta)=2\cos\alpha\cos\beta$$

양변에 $\frac{1}{2}$ 을 곱하고 좌변과 우변을 바꾸면

$$\cos\alpha\cos\beta=\frac{1}{2}\{\cos(\alpha+\beta)+\cos(\alpha-\beta)\}$$

그리고 $\cos(\alpha+\beta)=\cos\alpha\cos\beta-\sin\alpha\sin\beta$와

$\cos(\alpha-\beta)=\cos\alpha\cos\beta+\sin\alpha\sin\beta$를 빼서 정리하면,

$$\sin\alpha\sin\beta=-\frac{1}{2}\{\cos(\alpha+\beta)-\cos(\alpha-\beta)\}$$

삼각함수 합차의 형태를 곱의 형태로 나타내기

삼각함수 합차의 형태를 곱의 형태로 나타내는 공식은 '삼각함수 곱의 형태를 합차의 형태로 나타내는 공식'에서 유도한다. 공식은 다음과 같다.

(1) $\sin A + \sin B = 2\sin\dfrac{A+B}{2}\cos\dfrac{A-B}{2}$

(2) $\sin A - \sin B = 2\cos\dfrac{A+B}{2}\sin\dfrac{A-B}{2}$

(3) $\cos A + \cos B = 2\cos\dfrac{A+B}{2}\cos\dfrac{A-B}{2}$

(4) $\cos A - \cos B = -2\sin\dfrac{A+B}{2}\sin\dfrac{A-B}{2}$

(1)의 증명 $\sin\alpha\cos\beta = \dfrac{1}{2}\{\sin(\alpha+\beta)+\sin(\alpha-\beta)\}$ 에서 양변에 2를 곱한 후 좌변과 우변을 바꾸면,

$$\sin(\alpha+\beta) + \sin(\alpha-\beta) = 2\sin\alpha\cos\beta$$

$$\alpha+\beta=A,\ \alpha-\beta=B\text{로 하면}$$

$$\sin A + \sin B = 2\sin\dfrac{A+B}{2}\cos\dfrac{A-B}{2}$$

(2)의 증명 $\cos\alpha\sin\beta = \dfrac{1}{2}\{\sin(\alpha+\beta)-\sin(\alpha-\beta)\}$ 에서 양변에 2를 곱한 후 좌변과 우변을 바꾸면,

$$\sin(\alpha+\beta)-\sin(\alpha-\beta)=2\cos\alpha\sin\beta$$

$\alpha+\beta=A$, $\alpha-\beta=B$로 하면

$$\sin A-\sin B=2\cos\frac{A+B}{2}\sin\frac{A-B}{2}$$

(3)의 증명 $\cos\alpha\cos\beta=\dfrac{1}{2}\{\cos(\alpha+\beta)+\cos(\alpha-\beta)\}$에서 양변에 2를 곱한 후 좌변과 우변을 바꾸면,

$$\cos(\alpha+\beta)+\cos(\alpha-\beta)=2\cos\alpha\cos\beta$$

$\alpha+\beta=A$, $\alpha-\beta=B$로 하면

$$\cos A+\cos B=2\cos\frac{A+B}{2}\cos\frac{A-B}{2}$$

(4)의 증명 $\sin\alpha\sin\beta=-\dfrac{1}{2}\{\cos(\alpha+\beta)-\cos(\alpha-\beta)\}$에서 양변에 2를 곱한 후 좌변과 우변을 바꾸면,

$$\cos(\alpha+\beta)-\cos(\alpha-\beta)=-2\sin\alpha\sin\beta$$

$\alpha+\beta=A$, $\alpha-\beta=B$로 하면

$$\cos A-\cos B=-2\sin\frac{A+B}{2}\sin\frac{A-B}{2}$$

삼각함수의 합성

$a\sin\theta+b\cos\theta$에서 $\mathrm{P}(a,b)$로 하고 $\overline{\mathrm{OP}}$가 x축 양의 방향과 이루는 각의 크기를 α로 하면,

$$\overline{\mathrm{OP}}=\sqrt{a^2+b^2}\ ,\ \sin\alpha=\frac{b}{\mathrm{OP}}=\frac{b}{\sqrt{a^2+b^2}}\ ,$$

$$\cos\alpha=\frac{a}{\sqrt{a^2+b^2}}\ 이므로$$

$$a\sin\theta+b\cos\theta=\sqrt{a^2+b^2}\left(\frac{a}{\sqrt{a^2+b^2}}\times\sin\theta+\frac{b}{\sqrt{a^2+b^2}}\times\cos\theta\right)$$

$$=\sqrt{a^2+b^2}\,(\cos\alpha\sin\theta+\sin\alpha\cos\theta)$$

$$=\sqrt{a^2+b^2}\,\sin(\theta+\alpha)$$

예를 들어 $\sqrt{3}\sin\theta+\cos\theta$를 합성공식으로 유도하려면

$\sqrt{3}\sin\theta+1\times\cos\theta$로 바꾼 후 $a=\sqrt{3}$, $b=1$로 하고,

$$\sqrt{3}\sin\theta+1\times\cos\theta=\sqrt{(\sqrt{3}\,)^2+1^2}\left(\frac{\sqrt{3}}{2}\sin\theta+\frac{1}{2}\cos\theta\right)$$

$$=2\left(\cos\frac{\pi}{6}\sin\theta+\sin\frac{\pi}{6}\cos\theta\right)$$

$$=2\sin\left(\theta+\frac{\pi}{6}\right)$$

2장

함수의
극한값과 연속

미분은 수렴, 발산, 극한값의 의미를 이해하는 것이 중요하다.

① 함수의 수렴과 발산

함수의 수렴

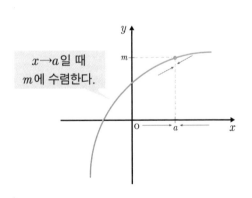

$x→a$일 때 m에 수렴한다.

함수 $f(x)$에서 x가 a에 한없이 가까워지면서 $f(x)$ 값이 일정한 값 m에 가까워지면 $x→a$일 때 $f(x)$는 m에 수렴한다고 한다. 그리고 $\lim_{x \to a} f(x) = m$으로 나타낸다.

x는 a에 가까워질 때 $f(x)$는 m에 수렴하지만 $x \neq a$임을 주의해야 한다.

다음 그래프를 살펴보자.

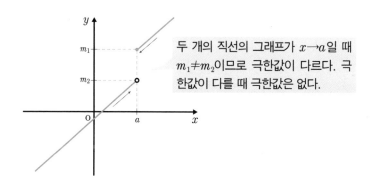

두 개의 직선의 그래프가 $x \to a$일 때 $m_1 \neq m_2$이므로 극한값이 다르다. 극한값이 다를 때 극한값은 없다.

두 직선의 그래프가 연결되어 있지 않고 극한값도 다르므로 극한값은 없다. 극한값은 $x \to a$일 때 $\lim\limits_{x \to a} f(x) = m$으로 수렴해야 존재한다.

함수의 발산

함수의 발산은 함수의 수렴과 반대되는 개념으로 $x \to a$일 때 $f(x)$값이 한없이 커지면 무한대로 발산되어 $\lim\limits_{x \to a} f(x) = \infty$ (무한대)가 되는 것을 말한다. 무한대는 양의 무한대와 음의 무한대가 있다. 표기는 ∞와 $-\infty$이며, $x \to a$일 때 양의 무한대로 발산하는 것은 $\lim_{x \to a} f(x) = \infty$, 음의 무한대로 발산하는 것은 $\lim_{x \to a} f(x) = -\infty$로 나타낸다.

좌극한값과 우극한값

좌극한값과 우극한값은 함수의 수렴과 발산을 알아내는 데 필요하다.

좌극한값은 x가 a보다 작은 값을 가지면서 a에 한없이 가까워질 때를 말한다. $f(x)$의 값이 m에 가까워지면 $x \to a-0$일 때 $\lim_{x \to a-0} f(x) = m$으로 나타내는 m값이다. 우극한값은 x가 a보다 큰 값을 가지면서 a에 한없이 가까워질 때를 말한다. $f(x)$의 값이 m에 가까워지면 $x \to a+0$일 때 $\lim_{x \to a+0} f(x) = m$으로 나타내는 m값이다.

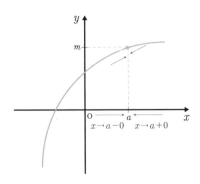

위의 그림을 보면 좌극한값과 우극한값이 m으로 일치하는 것

을 알 수 있다. 따라서 수렴한 것이다.

다음 그래프를 보면서 좌극한값과 우극한값에 대해 생각해보자.

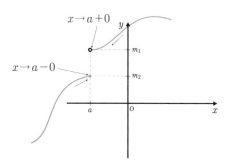

좌극한값과 우극한값이 m_1, m_2로 $m_1 \neq m_2$이므로 극한값은
없다.

극한값이 존재하기 위한 조건

$$\lim_{x \to a} f(x) = \lim_{x \to a-0} f(x) = \lim_{x \to a+0} f(x)$$

좌극한값과 우극한값이 같아야 극한값이 존재한다.

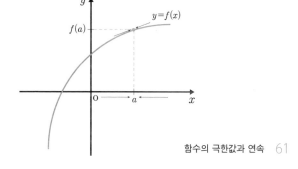

극한값의 계산

(1) $\dfrac{0}{0}$ 형태의 극한값

$\dfrac{0}{0}$ 형태의 극한값은 무리식일 때는 분모나 분자에 유리화를 한 후 계산한다. 분수식일 때는 인수분해를 이용한 후 계산한다.

예를 들어 $\displaystyle\lim_{x \to 1} \dfrac{\sqrt{(x+8)}-3}{x-1}$ 에서 $x=1$을 분모와 분자에 대입하면 $\displaystyle\lim_{x \to 1} \dfrac{\sqrt{(x+8)}-3}{x-1} = \dfrac{0}{0}$ 의 형태임을 알 수 있다. 이때 분자에 무리식이 있으므로 켤레무리식을 곱한다.

$$\lim_{x \to 1} \dfrac{\sqrt{(x+8)}-3}{x-1} = \lim_{x \to 1} \dfrac{(\sqrt{x+8}-3)(\sqrt{x+8}+3)}{(x-1)(\sqrt{x+8}+3)}$$

$$= \lim_{x \to 1} \dfrac{x-1}{(x-1)(\sqrt{x+8}+3)}$$

$$= \lim_{x \to 1} \dfrac{1}{(\sqrt{x+8}+3)}$$

$$= \dfrac{1}{6}$$

예를 들어 $\displaystyle\lim_{x \to 1} \dfrac{(x-1)(x^2+x+1)}{x-1}$ 에서 $x=1$을 분모와 분자에 대입하면 $\displaystyle\lim_{x \to 1} \dfrac{(x-1)(x^2+x+1)}{x-1} = \dfrac{0}{0}$ 의 형태임을 알 수 있다. 이때 분모와 분자의 공통된 인수는 $x-1$이고, 여기서 $x \to 1$은 가까이 접근한다는 의미이며 $x-1 \neq 0$이므로 약분이 가능하다.

$$\lim_{x \to 1} \dfrac{(x-1)(x^2+x+1)}{x-1} = \lim_{x \to 1} x^2+x+1 = 3$$

(2) $\dfrac{\infty}{\infty}$ **형태의 극한값**

$\dfrac{\infty}{\infty}$ 형태의 극한값은 무리식일 때는 제곱근 밖의 분모와 분자를 나누어 계산한다. 분수식일 때는 최고차항으로 분모와 분자를 나누어 계산한다.

예를 들어 $\lim\limits_{x\to\infty}\dfrac{x}{\sqrt{4+x}+x}$ 를 계산하면 $\lim\limits_{x\to\infty}\dfrac{x}{\sqrt{4+x}+x}=\dfrac{\infty}{\infty}$ 의 형태임을 알 수 있다. 무리식이기 때문에 제곱근 밖의 x로 분모와 분자를 나누어주면 다음과 같다.

$$
\lim_{x\to\infty}\frac{x}{\sqrt{4+x}+x}=\lim_{x\to\infty}\frac{\dfrac{x}{x}}{\dfrac{\sqrt{4+x}}{x}+1}
$$

$$
=\lim_{x\to\infty}\frac{1}{\sqrt{\dfrac{4}{x^2}+\dfrac{1}{x}}+1}
$$

$$
=\lim_{x\to\infty}\frac{1}{\sqrt{\underset{=0}{\dfrac{4}{x^2}+\dfrac{1}{x}}}+1}
$$

$$
=1
$$

또 다른 예로 $\lim\limits_{x\to\infty}\dfrac{3x^2+6x+3}{2x^2+x+1}$ 을 계산해보자. $\lim\limits_{x\to\infty}\dfrac{3x^2+6x+3}{2x^2+x+1}$ $=\dfrac{\infty}{\infty}$ 형태임을 알 수 있다. 분수식이므로 분모와 분자를 최고차항인 x^2으로 나눈다.

$$
\lim_{x\to\infty}\frac{3x^2+6x+3}{2x^2+x+1}=\lim_{x\to\infty}\frac{3+\underset{=0}{\dfrac{6}{x}}+\underset{=0}{\dfrac{3}{x^2}}}{2+\underset{=0}{\dfrac{1}{x}}+\underset{=0}{\dfrac{1}{x^2}}}=\frac{3}{2}
$$

(3) $\infty - \infty$와 $0 \times \infty$ 형태의 극한값

$\infty - \infty$와 $0 \times \infty$ 형태의 극한값은 식을 변형하여 $\infty \times c$, $\frac{\infty}{c}$, $\frac{c}{\infty}$, $\frac{c}{0}$, $\frac{0}{0}$, $\frac{\infty}{\infty}$ 형태로 만든 후 계산하게 된다. $\infty \times c$, $\frac{\infty}{c}$ 형태는 $c > 0$이면 ∞, $c < 0$이면 $-\infty$가 된다. 즉 무한대에 양수를 곱하거나 나누면 ∞, 음수를 곱하거나 나누면 $-\infty$가 되는 것이다.

$\frac{c}{\infty}$일 때는 $\frac{c}{\infty} = 0$이 되는데 이것은 분자는 c 상수이지만 분모는 무한대로 커져서 0에 가까워지기 때문이다.

$\lim\limits_{x \to \infty} (\sqrt{x+1} - \sqrt{x-1})$을 풀어보자.

$\lim\limits_{x \to \infty} (\sqrt{x+1} - \sqrt{x-1})$

$$= \lim_{x \to \infty} \frac{(\sqrt{x+1} - \sqrt{x-1})(\sqrt{x+1} + \sqrt{x-1})}{\sqrt{x+1} + \sqrt{x-1}}$$

$$= \lim_{x \to \infty} \frac{2}{\sqrt{x+1} + \sqrt{x-1}}$$

$$= 0$$

$\frac{c}{0}$ 형태는 $c > 0$일 때 분모가 $+0$에 가까워지면 ∞, 분모가 -0에 가까워지면 $-\infty$이다. $\lim\limits_{x \to 0} \frac{2}{x}$에서는 분모가 $+0$에 가까워지면 $\lim\limits_{x \to +0} \frac{2}{x} = \infty$, $\lim\limits_{x \to -0} \frac{2}{x} = -\infty$가 된다. 이를 그래프로 나타내보면 쉽게 증명된다.

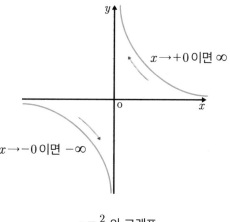

$y = \dfrac{2}{x}$의 그래프

또한 $c < 0$일 때 분모가 $+0$에 가까워지면 $-\infty$, 분모가 -0에 가까워지면 ∞이다. 예를 들어 $\lim\limits_{x \to 0} -\dfrac{2}{x}$에서 분모가 $+0$에 가까워지면 $\lim\limits_{x \to +0} -\dfrac{2}{x} = -\infty$, $\lim\limits_{x \to -0} -\dfrac{2}{x} = \infty$가 된다. 이 역시 그래프로 나타내면 다음과 같이 쉽게 증명된다.

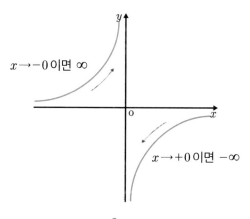

$y = -\dfrac{2}{x}$의 그래프

② 연속과 불연속

$y=f(x)$는 $x=a$에서 연속일 때 다음의 세 가지 조건을 만족한다.

(1) $x=a$일 때 함숫값 $f(a)$가 존재한다.

(2) 극한값 $\lim\limits_{x \to a} f(x)$가 존재한다.

(3) $f(a)=\lim\limits_{x \to a} f(x)$로서 함숫값과 극한값이 같다.

(2)의 조건에서 $x=a$에서 연속일 때 연속이 되면 좌극한값과 우극한값이 같아야 극한값이 존재한다. 즉 $\lim\limits_{x \to a+0} f(x)=\lim\limits_{x \to a-0} f(x)$가 성립해야 한다.

$y=f(x)$가 $x=a$에서 불연속일 때는 연속일 때의 세 가지 조건 중 하나 이상이 성립되지 않을 경우이다. 다음 그래프는 (1), (2), (3)의 조건이 성립되지 않을 때이다.

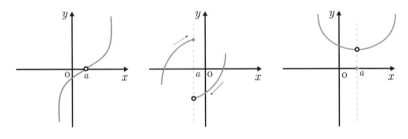

(1)의 조건 불만족
$x=a$에서
정의되지 않으며
함숫값 $f(a)$가 없다.

(2)의 조건 불만족
$\lim\limits_{x \to a} f(x)$가 없다.

(3)의 조건 불만족
$f(a) \neq \lim\limits_{x \to a} f(x)$

문제**1** 다음 중 연속인 함수를 찾아라.

①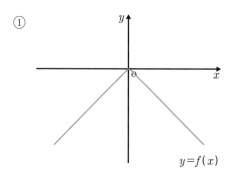

$y=f(x)$

②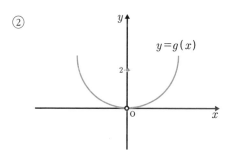

$y=g(x)$

③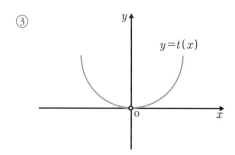

$y=t(x)$

④

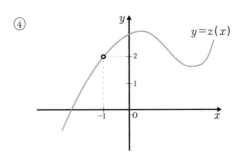

풀이 ① $y=f(x)$ 그래프는 $x=0$에서 정의되고,

$\lim\limits_{x \to a+0} f(x) = \lim\limits_{x \to a-0} f(x) = 0$이며 $\lim\limits_{x \to 0} f(x) = 0$이므로 연속인

함수이다.

② $y=g(x)$ 그래프는 $\lim\limits_{x \to 0} f(x) = 0$이므로, $f(0)=2$, $x \to 0$

일 때 극한값과 함숫값 $f(0)$이 다르다. 따라서 불연속 함수

가 된다.

③ $y=t(x)$ 그래프는 $x=0$에서 정의되지 않으므로 불연속

함수이다.

④ $y=z(x)$의 그래프는 $x=-1$에서 정의되지 않으므로 불

연속 함수이다.

답 ①

문제2 $f(x) = \dfrac{2}{3x-6}$ 는 연속인지 불연속인지 말하고, 이유를 간단

히 서술하시오.

풀이 $f(x)$는 쌍곡선 함수로 분모 $3x-6$이 0이 되면 존재하지 않는다. 즉 $x=2$에서 불연속이다. $x=2$는 점근선도 된다. $f(x)$를 그래프로 그리면 다음과 같다.

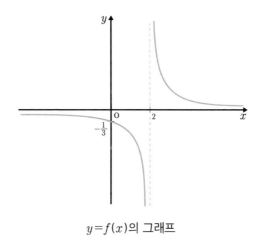

$y=f(x)$의 그래프

답 불연속, $x=2$에서 정의되지 않는다.

문제 3 $f(x)=\begin{cases} 2x+4 & (x\leq 1) \\ -7x+11 & (x>1) \end{cases}$, $g(x)=6x+k$에 대해 함수

$f(x)g(x)$가 $x=1$에서 연속이 되는 k값을 구하여라.

풀이 $\displaystyle\lim_{x\to 1+0} f(x)g(x)=\lim_{x\to 1-0} f(x)g(x)$이므로,

$$\lim_{x \to 1+0} (-7x+11)(6x+k) = \lim_{x \to 1-0} (2x+4)(6x+k)$$

$$4(6+k) = 6(6+k)$$

$$\therefore k = -6$$

답 -6

문제 **4** 함수 $F(x)$는 $x=0$에서 연속이며 $F(x) = \sum_{n=0}^{\infty} \dfrac{x^4 f(x)}{(1+x^4)^n}$ 로 정의된다. 함수 $f(x)$도 $x=0$에서 연속이면 $f(0)$의 값을 구하여라.

풀이 함수 $F(x)$는 $x=0$에서 연속이므로 $F(x) = \sum_{n=0}^{\infty} \dfrac{x^4 f(x)}{(1+x^4)^n}$ 에 $x=0$을 대입하면 $F(0)=0$이다. 함수 $f(x)$도 $x=0$에서 연속이므로 $f(0)=0$이다.

$$F(x) = \sum_{n=0}^{\infty} \frac{x^4 f(x)}{(1+x^4)^n} = \frac{x^4 f(x)}{1 - \dfrac{1}{1+x^4}} = \frac{(1+x^4)x^4 f(x)}{x^4}$$

$$= f(x)(1+x^4) \text{이므로}$$

$x=0$을 대입하면 $F(0)=f(0)$이다. 따라서 $f(0)=0$.

답 0

연속성에 따른 극한값과 함숫값

$\lim\limits_{x \to 0} f(\sin x) = f(0)$인지 $\lim\limits_{x \to 0} f(\sin x) \neq f(0)$인지 참과 거짓을 알아내는 것이 어려울 때가 있다. 이런 경우 $\sin x = t$로 치환하면 $x \to 0$일 때 $t \to 0$이다.

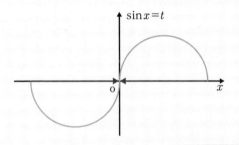

따라서 $\lim\limits_{x \to 0} f(\sin x) = \lim\limits_{t \to +0} f(t)$가 되는데 여기서 $f(t)$ 함수가 연속인지 불연속인지 알 수가 없다. 그 결과 $\lim\limits_{x \to 0} f(\sin x) \neq f(0)$이다.

계속해서 $\lim\limits_{x \to 0} f(\cos x) = f(1)$인지 $\lim\limits_{x \to 0} f(\cos x) \neq f(1)$인지 참과 거짓을 알아보자. $\cos x = t$로 치환하면 $x \to 0$일 때 $t \to 1-0$이다.

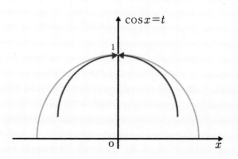

$\lim\limits_{x\to0}f(\cos x)=\lim\limits_{t\to-0}f(t)$이 되는데 이 좌극한값이 함숫값과 연속인지 불연속인지는 알 수가 없다. 그런데 $f(1)=0$에서 불연속이면 성립이 되지 않는다. 따라서 $\lim\limits_{x\to0}f(\cos x)\neq f(1)$이다.

이번에는 $\lim\limits_{x\to0}f(x^2)=f(0)$인지 $\lim\limits_{x\to0}f(x^2)\neq f(0)$인지 알아보자. $x^2=t$로 치환하면 $x\to0$일 때 $t\to+0$이다.

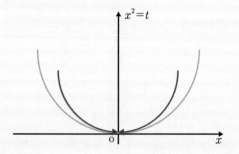

$\lim\limits_{x\to0}f(x^2)=\lim\limits_{t\to+0}f(t)$가 되는데 이 우극한값이 함숫값과 연속인

지 불연속인지는 알 수 없다. 그런데 $f(0)=0$에서 불연속이면 성립이 되지 않는다. 따라서 $\lim_{x \to 0} f(x^2) \neq f(0)$이다.

나온 결과에 따라 위의 세 가지 극한값과 함숫값의 일치에 관한 것은 연속성을 알 수 없으므로 성립하지 않는다.

중간값의 정리

$f(a) \leq k \leq f(b)$이면 $f(c)=k$가 $a \leq c \leq b$에서 적어도 하나 존재한다는 것을 중간값의 정리라 한다.

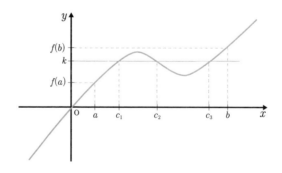

$f(a)f(b)<0$이면 $f(c)=0(a<c<b)$이며, 다음의 그래프도 중간값의 정리를 나타낸 것이다.

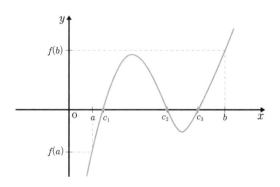

중간값의 정리를 이용해 방정식의 실근이 존재함을 증명할 수도 있는데 위의 그래프에서 x축과 만나는 점이 c_1, c_2, c_3이므로 근이 세 개임을 알 수 있다.

$3x^2+9x-4=0$은 적어도 한 개의 실수해를 가지는 지를 증명하려고 중간값의 정리를 이용한다면 그래프를 직접 그려보지 않고 임으로 $x=-2$를 대입해보면 된다. $f(-2)=-10<0$, $x=1$을 대입하여 $f(1)=8>0$이므로 x축과 만나는 점이 있으며 실근을 가짐을 알 수 있다. 그러나 실근이 1개인지 2개인지는 이것으로 정확히 알 수가 없다.

계속해서 $2\cos x - x = 0$은 열린 구간 $\left(-\pi, \dfrac{\pi}{2}\right)$에서 실수해를 갖는지를 증명해보자.

$f(-\pi) = -2+\pi > 0$, $f\left(\dfrac{\pi}{2}\right) = -\dfrac{\pi}{2} < 0$이므로 중간값의 정리에 의해 실근을 가진다.

최댓값 · 최솟값의 정리

함수 $f(x)$가 닫힌 구간 $[a, b]$에서 연속이면 $f(x)$가 최댓값 또는 최솟값을 가지게 된다. 이것을 최댓값 · 최솟값의 정리라 한다.

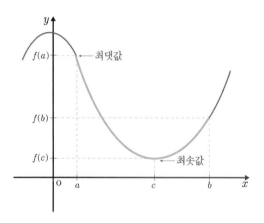

문제 1 $y=\sin x$가 $\left[\dfrac{\pi}{4}, \dfrac{7\pi}{4}\right]$일 때의 최댓값과 최솟값, $\left[\dfrac{\pi}{4}, \dfrac{3\pi}{4}\right]$ 일 때의 최댓값과 최솟값을 구하여라.

풀이 $\left[\dfrac{\pi}{4}, \dfrac{7\pi}{4}\right]$의 최댓값은 $x=\dfrac{\pi}{2}$일 때 1, 최솟값은 $x=\dfrac{3\pi}{2}$일 때 -1이다.

$\left[\dfrac{\pi}{4}, \dfrac{3\pi}{4}\right]$의 최댓값은 $x=\dfrac{\pi}{2}$일 때 1, 최솟값은 $x=\dfrac{\pi}{4}, \dfrac{3\pi}{4}$ 일 때 $\dfrac{\sqrt{2}}{2}$이다.

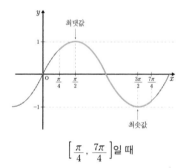

$\left[\dfrac{\pi}{4}, \dfrac{7\pi}{4}\right]$일 때

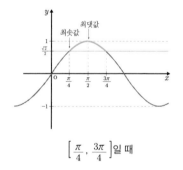

$\left[\dfrac{\pi}{4}, \dfrac{3\pi}{4}\right]$일 때

답 $\left[\dfrac{\pi}{4}, \dfrac{7\pi}{4}\right]$은 최댓값은 1, 최솟값은 -1,

$\left[\dfrac{\pi}{4}, \dfrac{3\pi}{4}\right]$은 최댓값은 1, 최솟값은 $\dfrac{\sqrt{2}}{2}$

문제2 함수 $x\sin^2 x + x^3 = 0$은 $\left(\dfrac{\pi}{2}, \pi\right)$에서 중간값의 정리에 따라 실근을 갖는지 증명하여라.

풀이 이 문제는 그래프를 직접 그리지 않고도 풀 수 있다.

함수 $f(x)$에서,

$$f\left(\frac{\pi}{2}\right) = \frac{\pi}{2}\underbrace{\sin^2\left(\frac{\pi}{2}\right)}_{=1} + \left(\frac{\pi}{2}\right)^3 = \frac{\pi}{2} + \frac{\pi^3}{8} > 0$$

$$f(\pi) = \pi\underbrace{\sin^2 \pi}_{=0} + \pi^3 = \pi^3 > 0$$

답 $f\left(\dfrac{\pi}{2}\right)$와 $f(\pi)$의 값은 두 개 모두 양수이므로 중간값의 정리에 의해 실근을 갖지 않는다.

3 초월함수의 극한값

초월함수의 극한값으로는 지수함수, 로그함수, 삼각함수의 극한 값이 있다.

$y=a^x$인 지수함수의 극한값은 어떻게 구할까? 그래프를 이용할 때는 $a>0$이고 $a \neq 1$인 전제조건을 고려해야 한다. $y=0$이면 0인 상수함수가 되고, $a=1$이면 $y=1$인 상수함수가 되는데 상수함수는 지수함수의 일반적인 그래프가 되지 않는 만큼 배제해야하는 것이다.

그래프를 그려보면 다음과 같다.

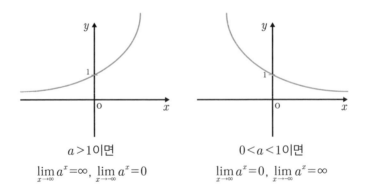

$a>1$이면
$$\lim_{x \to \infty} a^x = \infty, \ \lim_{x \to -\infty} a^x = 0$$

$0<a<1$이면
$$\lim_{x \to \infty} a^x = 0, \ \lim_{x \to -\infty} a^x = \infty$$

로그함수의 극한값도 그래프를 그려보면 쉽게 이해가 된다. 이에 대한 그래프는 다음과 같다.

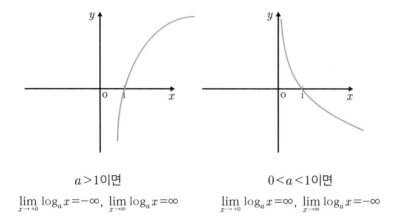

$$a > 1$$이면
$$\lim_{x \to +0} \log_a x = -\infty, \ \lim_{x \to \infty} \log_a x = \infty$$

$$0 < a < 1$$이면
$$\lim_{x \to +0} \log_a x = \infty, \ \lim_{x \to \infty} \log_a x = -\infty$$

다음은 초월함수의 극한값에서 많이 쓰이는 공식이다.

(1) $\displaystyle \lim_{x \to 0} \frac{\sin x}{x} = 1$

(2) $\displaystyle \lim_{x \to 0} \frac{\tan x}{x} = 1$

(3) $\displaystyle \lim_{x \to 0} \frac{e^x - 1}{x} = 1$

(4) $\displaystyle \lim_{x \to 0} \frac{a^x - 1}{x} = \ln a$

(5) $\displaystyle \lim_{x \to 0} \frac{\ln(1+x)}{x} = 1$

지금부터 위의 5가지 공식에 대해 증명하려 한다. 증명하는 것을 스스로 연습한다면 공식이 기억나지 않더라도 활용하기 쉽기 때문에 효과적이니 꼭 증명해보길 바란다.

우선 $0 < x < \dfrac{\pi}{2}$ 에서 삼각형의 넓이를 생각한다. 아래 그림에서 △POC의 넓이, △POA의 넓이, △BOA의 넓이를 비교하는 부등호를 나타낸다.

△POC의 넓이 $= \dfrac{1}{2}\cos x \sin x$,

△POA의 넓이 $= \dfrac{1}{2} r^2 x = \dfrac{1}{2} \times 1^2 \times x = \dfrac{1}{2} x$,

△BOA의 넓이 $= \dfrac{1}{2} \times 1 \times \tan x = \dfrac{\sin x}{2\cos x}$

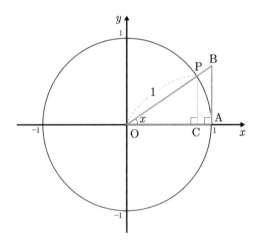

△POC의 넓이 < △POA의 넓이 < △BOA의 넓이이므로,

$\dfrac{1}{2}\cos x \sin x < \dfrac{1}{2} x < \dfrac{\sin x}{2\cos x}$가 된다.

$\dfrac{1}{2}\cos x\sin x<\dfrac{1}{2}x$에서 $\dfrac{\sin x}{x}<\dfrac{1}{\cos x}$,

$\dfrac{1}{2}x<\dfrac{\sin x}{2\cos x}$에서 $\dfrac{\sin x}{x}>\cos x$이므로,

$\cos x<\dfrac{\sin x}{x}<\dfrac{1}{\cos x}$ 이 된다.

$-\dfrac{\pi}{2}<x<0$에서도 성립하므로 $\displaystyle\lim_{x\to0}\cos x=1$, $\displaystyle\lim_{x\to0}\dfrac{1}{\cos x}=1$이다. 따라서 $\displaystyle\lim_{x\to0}\dfrac{\sin x}{x}=1$.

(2)의 $\displaystyle\lim_{x\to0}\dfrac{\tan x}{x}=1$의 증명

$$\begin{aligned}\lim_{x\to0}\dfrac{\tan x}{x}&=\lim_{x\to0}\dfrac{\dfrac{\sin x}{\cos x}}{x}\\&=\lim_{x\to0}\dfrac{\sin x}{x\cos x}\\&=\lim_{x\to0}\left(\underbrace{\dfrac{\sin x}{x}}_{=1}\right)\times\dfrac{1}{\cos x}\\&=\dfrac{1}{\cos 0}\\&=1\end{aligned}$$

(3)의 $\displaystyle\lim_{x\to0}\dfrac{e^x-1}{x}=1$의 증명

$\displaystyle\lim_{x\to0}\dfrac{e^x-1}{x}=1$에서 분자 $e^x-1=t$로 놓으면,

$e^x=t+1$

e^x과 $t+1$을 진수로 하고 양변에 자연로그 $\ln$을 놓으면

$$\ln e^x = \ln(t+1)$$

$$x = \ln(1+t)$$

$$\lim_{x \to 0} \frac{e^x - 1}{x} = \lim_{t \to 0} \frac{t}{\ln(1+t)}$$

$$= \lim_{t \to 0} \frac{t}{\ln(1+t)^{\frac{1}{t} \times t}}$$

$$= \lim_{t \to 0} \frac{t}{t \times \ln(1+t)^{\frac{1}{t}}}_{=1}$$

$$= 1$$

(4)의 $\lim_{x \to 0} \dfrac{a^x - 1}{x} = \ln a$의 증명

$\lim_{x \to 0} \dfrac{a^x - 1}{x} = \ln a$에서 $a^x - 1 = t$로 하면,

$$a^x = t + 1 \qquad\qquad a^x \text{과 } t+1 \text{을 진수로 하고 양변에 자연로그 } \ln \text{을 놓으면}$$

$$\ln a^x = \ln(t+1)$$

$$x \ln a = \ln(1+t)$$

$$x = \frac{\ln(1+t)}{\ln a}$$

$$\lim_{x \to 0} \frac{a^x - 1}{x} = \lim_{t \to 0} \frac{t}{\dfrac{\ln(1+t)}{\ln a}}$$

$$= \lim_{t \to 0} \frac{t \ln a}{\ln(1+t)}$$

$$= \lim_{t \to 0} \frac{t \ln a}{\ln(1+t)^{\frac{1}{t} \times t}}$$

$$= \lim_{t \to 0} \frac{t \ln a}{t \times \ln(1+t)^{\frac{1}{t}}}_{=1}$$

$$= \ln a$$

(5)의 $\displaystyle\lim_{x \to 0} \frac{\ln(1+x)}{x} = 1$의 증명

$$\lim_{x \to 0} \frac{\ln(1+x)}{x} = \lim_{x \to 0} \frac{\ln(1+x)^{\frac{1}{x} \times x}}{x}$$

$$= \lim_{x \to 0} \frac{x \ln(1+x)^{\frac{1}{x}}}{x}_{=1}$$

$$= 1$$

문제**1** $\lim\limits_{x \to 0} \dfrac{\sin 2x}{x}$ 의 극한값을 구하여라.

풀이 $\lim\limits_{x \to 0} \dfrac{\sin 2x}{x} = \lim\limits_{x \to 0} \dfrac{\sin 2x}{2x \times \dfrac{1}{2}} = \dfrac{1}{\dfrac{1}{2}} = 2$

답 2

문제**2** $\lim\limits_{x \to 0} \dfrac{\tan 3x}{x}$ 의 극한값을 구하여라.

풀이 $\lim\limits_{x \to 0} \dfrac{\tan 3x}{x} = \lim\limits_{x \to 0} \dfrac{\tan 3x}{3x \times \dfrac{1}{3}} = \dfrac{1}{\dfrac{1}{3}} = 3$

답 3

문제**3** $\lim\limits_{x \to 0} \dfrac{\sin 3x}{\sin 2x}$ 의 극한값을 구하여라.

풀이 $\lim\limits_{x \to 0} \dfrac{\sin 3x}{\sin 2x} = \lim\limits_{x \to 0} \dfrac{2x}{\sin 2x} \times \dfrac{\sin 3x}{3x} \times \dfrac{3x}{2x}$

$$= \lim\limits_{x \to 0} \dfrac{1}{\dfrac{\sin 2x}{2x}} \times \dfrac{\sin 3x}{3x} \times \dfrac{3}{2}$$

$$= \dfrac{3}{2}$$

답 $\dfrac{3}{2}$

문제 4 $\lim\limits_{x \to 0} \dfrac{\sin(\sin x)}{x}$ 의 극한값을 구하여라.

풀이 $\lim\limits_{x \to 0} \dfrac{\sin(\sin x)}{x} = \lim\limits_{x \to 0} \dfrac{1}{x} \times \dfrac{\sin(\sin x)}{\sin x} \times \sin x$

$$= \lim\limits_{x \to 0} \dfrac{\sin x}{x}$$

$$= 1$$

답 1

문제 5 $\lim\limits_{x \to 0} \dfrac{\cos 3x - \cos x}{x^2}$ 의 극한값을 구하여라.

풀이 $\lim\limits_{x \to 0} \dfrac{\cos 3x - \cos x}{x^2}$ 삼각함수 합차의 형태를 곱의 형태로 나타내면,

$$= \lim\limits_{x \to 0} \dfrac{-2 \sin 2x \sin x}{x^2}$$

$$= \lim\limits_{x \to 0} \dfrac{-2 \sin 2x \sin x}{2x \times x \times \dfrac{1}{2}}$$

$$= -4$$

답 -4

문제 6 $f(x) = \dfrac{3^x}{1 + 3^x}$ 에서 $\lim\limits_{x \to \infty} f(x)$ 와 $\lim\limits_{x \to -\infty} f(x)$ 의 극한값을 서로 비교하여라.

풀이 $\displaystyle\lim_{x\to\infty}f(x)=\lim_{x\to\infty}\frac{3^x}{1+3^x}=\lim_{x\to\infty}\frac{1}{\dfrac{1}{3^x}+1}=1$

$\displaystyle\lim_{x\to-\infty}f(x)=\lim_{x\to-\infty}\frac{3^x}{1+3^x}=\lim_{x\to-\infty}\frac{1}{\dfrac{1}{3^x}+1}=\frac{1}{\infty}=0$

여기서 그래프를 그려보면 $\displaystyle\lim_{x\to-\infty}3^x=0$이 되는 것을 쉽게 알 수 있다. 그러므로 $\displaystyle\lim_{x\to-\infty}\frac{1}{3^x}=\infty$이다.

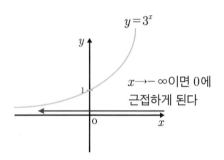

$y=3^x$

$x\to-\infty$이면 0에 근접하게 된다

답 $\displaystyle\lim_{x\to\infty}f(x)$와 $\displaystyle\lim_{x\to-\infty}f(x)$의 극한값은 각각 1과 0으로 다르다.

문제7 $\displaystyle\lim_{n\to\infty}\left\{\frac{1}{2}\times\frac{n+1}{n}\times\frac{n+2}{n+1}\times\cdots\times\frac{2n}{2n-1}\times\frac{2n+1}{2n}\right\}^n$의 극한값을 구하여라.

풀이 $\displaystyle\lim_{n\to\infty}\left\{\frac{1}{2}\times\frac{n+1}{n}\times\frac{n+2}{n+1}\times\cdots\times\frac{2n}{2n-1}\times\frac{2n+1}{2n}\right\}^n$

$\displaystyle\lim_{n\to\infty}\left(\frac{2n+1}{2n}\right)^n=\lim_{n\to\infty}\left(1+\frac{1}{2n}\right)^{2n\times\frac{1}{2}}=\sqrt{e}$

답 $\sqrt{e}$

3장

미분

① 평균변화율과 순간변화율

변화율에는 평균변화율과 순간변화율이 있다. 평균변화율은 점 A에서 점 B로 이동할 때 평균적인 변화율을 의미한다. 두 점 사이의 평균변화율이기 때문에 기울기로 쉽게 나타낼 수 있다.

순간변화율은 점 A에서 B로 이동할 때 한 점에서의 기울기로, 이 기울기를 구한 것을 미분계수라 하는데, 보통 순간변화율을 구하라고 하는 문제는 미분계수를 구하라는 문제와 의미가 같다.

다음의 그래프는 $y=f(x)$에서 두 점 A, B를 나타낸 그래프이다.

위 그래프에서 보는 바와 같이 $y=f(x)$의 그래프는 위로 올라가는 그래프이며, 점 A에서 점 B로 이동할 때 x는 a에서 b로,

y는 $f(a)$에서 $f(b)$로 이

동한다. 이때 x의 변화율

을 x증분, y의 변화율을 y

증분이라 한다. x증분에 대

한 y증분을 식으로 나타

내면 $\frac{\Delta y}{\Delta x}$ 가 된다. 그리고

$\Delta x = b - a$, $\Delta y = f(b) -$

$f(a)$로 나타낸다. 따라서

$\frac{\Delta y}{\Delta x} = \frac{f(b) - f(a)}{b - a}$ 가 된다.

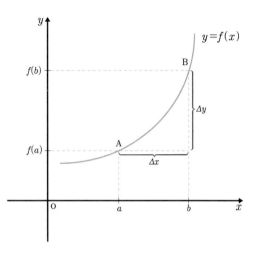

계속해서 $\Delta x = h$라 할 때, B의 x좌표는 b이며 $a + h$로 나타낼

수 있으므로 $\frac{\Delta y}{\Delta x} = \frac{f(a + h) - f(a)}{h}$가 된다. 점 A, B를 잇는 직선

의 기울기를 나타낸 것이다.

이것을 순간변화율로 나타내면 극한^{limit}을 붙여서 표기해야 하

는데 $\lim\limits_{h \to 0} \frac{\Delta y}{\Delta x} = \lim\limits_{h \to 0} \frac{f(a + h) - f(a)}{h} = f'(a)$가 된다.

문제1 다음 구간에서 $f(x)=x^2+2x+1$의 평균변화율을 구하여라.

(1) $[\,2, 4\,]$

(2) $[-1, 5\,]$

(3) $[\,0, 6\,]$

풀이 평균변화율은 $\dfrac{\varDelta y}{\varDelta x}$ 이므로 x의 증분을 분모에, y의 증분을 분자에 놓는다.

(1) $\dfrac{f(4)-f(2)}{4-2}=\dfrac{25-9}{2}=8$

(2) $\dfrac{f(5)-f(-1)}{5-(-1)}=\dfrac{36-0}{5-(-1)}=6$

(3) $\dfrac{f(6)-f(0)}{6-0}=\dfrac{49-1}{6-0}=8$

문제2 닫힌 구간 $[0, 2]$에서 $y=2x$의 평균변화율을 구하여라.

풀이 $\dfrac{f(2)-f(0)}{2-0}=\dfrac{2\times2-2\times0}{2}=2$

답 2

문제 **3** $x=1$에서 $y=3x^2$의 미분계수를 구하여라.

풀이
$$\lim_{h\to 0}\frac{f(1+h)-f(1)}{h}=\lim_{h\to 0}\frac{3(1+h)^2-3\times(1)^2}{h}$$
$$=\lim_{h\to 0}\frac{3+6h+3h^2-3}{h}$$
$$=\lim_{h\to 0}\frac{6h+3h^2}{h}$$
$$=\lim_{h\to 0}6+3h$$
$$=6$$

답 6

문제 **4** $f(x)=x^4+6x$에서 $x=0$에서 $x=2$까지 평균변화율과 $x=a$에서의 순간변화율은 같다. a를 구하여라.

풀이 $f(x)$의 $x=0$에서 $x=2$까지 평균변화율은 $\dfrac{28-0}{2-0}=14$이다.

$f(x)$의 $x=a$에서 순간변화율은,

$$\lim_{x\to a}\frac{f(x)-f(a)}{x-a}=\lim_{x\to a}\frac{x^4+6x-a^4-6a}{x-a}$$
$$=\lim_{x\to a}\frac{x^4-a^4+6x-6a}{x-a}$$
$$=\lim_{x\to a}\frac{(x^2+a^2)(x^2-a^2)+6(x-a)}{x-a}$$
$$=\lim_{x\to a}=(x+a)(x^2+a^2)+6$$

$$= 2a \times 2a^2 + 6$$

$$= 4a^3 + 6$$

평균변화율과 순간변화율이 같으므로 $14 = 4a^3 + 6$,

$$\therefore \ a = \sqrt[3]{2}$$

답 $\sqrt[3]{2}$

문제 5 $f'(a) = b$일 때, $\displaystyle\lim_{n \to \infty} n\left\{ f\left(\dfrac{c}{n} + a\right) - f(a) \right\}$의 값을 구하여라.

풀이 $\dfrac{c}{n} = h$라 하면, $n \to \infty$이면 $h \to 0$이다.

$$\lim_{n \to \infty} n\left\{ f\left(\dfrac{c}{n} + a\right) - f(a) \right\} = \lim_{h \to 0} \dfrac{c}{h}\{f(h + a) - f(a)\}$$

$$= \lim_{h \to 0} \dfrac{c}{h}\{f(a + h) - f(a)\}$$

$$= \lim_{h \to 0} c \times \left\{ \dfrac{f(a + h) - f(a)}{h} \right\}$$

$$= cf'(a)$$

$$= cb = bc$$

답 bc

② 미분의 가능과 연속

함수 $f(x)$가 $x=a$에서 미분이 가능하면 $f(x)$는 $x=a$에서 연속이다. 여기서 미분이 가능하다는 것은 순간변화율을 구할 수 있다는 의미이다.

예를 들어 $y=x$의 함수를 보자. 이 함수의 순간변화율을 구하면,

$$\lim_{h \to 0} \frac{f(x+h)-f(x)}{h} = \lim_{h \to 0} \frac{x+h-x}{h} = \lim_{h \to 0} \frac{h}{h} = 1 \text{이 된다.}$$

이때 $y=x$는 미분이 가능하므로 $f(x)$는 $x=a$일 때 $f(a)$는 연속이 된다. 그렇다면 거꾸로 연속이면 미분이 가능할까? 이것은 충분조건은 성립하는데 필요조건 역시 성립하는지에 관한 검토이다. $y=|x|$를 가지고 확인해보자.

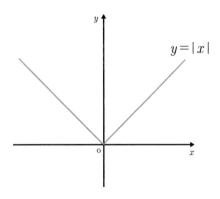

$y=|x|$

위의 그래프는 $y=|x|$를 나타낸 것이다.

그리고 우미분계수는 $\lim\limits_{h\to+0}\dfrac{f(x+h)-f(x)}{h}=\lim\limits_{h\to+0}\dfrac{x+h-x}{h}=1$,

좌미분계수는 $\lim\limits_{h\to-0}\dfrac{f(x+h)-f(x)}{h}=\lim\limits_{h\to-0}\dfrac{-x-h-(-x)}{h}=-1$이다.
우미분계수와 좌미분계수가 각각 1과 -1로 다르기 때문에 미분이 불가능함을 알 수 있다. 이처럼 연속이라 하더라도 미분이 불가능한 경우가 있다.

다음의 경우는 $x=0$에서 미분이 가능하지 않아서 연속이 아닌 것을 나타낸 그래프이다.

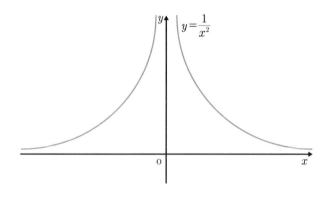

$x=0$인 점에서 $y=\dfrac{1}{x^2}$은 y축에 접근했으나 $x=0$과 만나지 않으므로 불연속이다. 따라서 미분이 불가능하므로 연속이 아닌 예가 된다.

③ 도함수

도함수는 순간변화율 또는 평균변화율을 함수로 만든 것이다. 즉 함수를 미분한 것이다. 미분계수 $f'(a)$는 $x=a$일 때 순간변화율이지만 $f'(x)$는 x값이 정해지지 않았다. 하지만 x값이 주어지면 그 값을 구할 수 있는 미분계수가 된다. 다음 문제를 풀어보자.

$f(x)=2x^2$의 경우,

$$f'(x)=\lim_{h \to 0} \frac{f(x+h)-f(x)}{h}$$

$$=\lim_{h \to 0} \frac{2(x+h)^2-2x^2}{h}$$

$$=\lim_{h \to 0} \frac{2x^2+4xh+2h^2-2x^2}{h}$$

$$=\lim_{h \to 0} \frac{4xh+2h^2}{h}$$

$$=\lim_{h \to 0} 4x+2h$$

$$=4x$$

도함수는 미분한 것이므로 $f(x)=2x^2$의 도함수는 $f'(x)=4x$가 된다.

도함수의 정의는 다음과 같다.

함수 $f(x)$가 어떤 구간의 각 점에서 미분이 가능할 때 $f(x)$는 그 구간에서 미분가능이라 한다. 구간의 각 점에 미분계수를 대응해 정해진 함수를 $f(x)$의 도함수라 하며 다음과 같이 나타낸다.

$$f'(x) = \lim_{h \to 0} \frac{f(x+h) - f(x)}{h}$$

도함수의 표기로는 $f'(x)$, y', $\frac{d}{dx}y$, $\frac{d}{dx}f(x)$가 있다.

결국 도함수를 구하는 것은 미분을 하는 것이며, 함수의 정의에 따라 도함수를 구할 수 있다. 특히 증명에 관하여는 도함수의 정의에 의해 밝혀진다. 가장 먼저 $y = x^n$의 도함수를 구해보자(단 n은 정수이다).

$$
\begin{aligned}
f'(x) &= \lim_{h \to 0} \frac{f(x+h) - f(x)}{h} = \lim_{h \to 0} \frac{(x+h)^n - x^n}{h} \\
&= \lim_{h \to 0} \frac{\binom{n}{0}x^n + \binom{n}{1}x^{n-1}h^1 + \binom{n}{2}x^{n-2}h^2 + \cdots - x^n}{h} \\
&= \lim_{h \to 0} \frac{nC_0 x^n + nC_1 x^{n-1}h + nC_2 x^{n-2}h^2 + \cdots - x^n}{h} \\
&= \lim_{h \to 0} \frac{x^n + nx^{n-1}h + \frac{n(n-1)}{2}x^{n-2}h^2 + \cdots - x^n}{h} \\
&= \lim_{h \to 0} nx^{n-1} + \frac{n(n-1)}{2h}x^{n-2}h^2 + \cdots \\
&= \lim_{h \to 0} nx^{n-1} + \frac{n(n-1)}{2}x^{n-2}h + \cdots \\
&= nx^{n-1}
\end{aligned}
$$

이번에는 $y = \sin x$의 도함수를 구해보자.

$$y' = \lim_{h \to 0} \frac{f(x+h) - f(x)}{h} = \lim_{h \to 0} \frac{\sin(x+h) - \sin x}{h}$$

삼각함수의 덧셈정리를 이용해 분자를 바꾸면

$$= \lim_{h \to 0} \frac{\sin x \cos h + \cos x \sin h - \sin x}{h}$$

$$= \lim_{h \to 0} \frac{\sin x (\cos h - 1) + \cos x \sin h}{h}$$

$$= \lim_{h \to 0} \frac{\sin x (\cos h - 1)}{h} \times \frac{(\cos h + 1)}{(\cos h + 1)} + \frac{\cos x \sin h}{h}$$

$$= \lim_{h \to 0} \frac{\sin x (\cos^2 h - 1)}{h \cos(h+1)} + \frac{\sin h \cos x}{h}$$

$$= \lim_{h \to 0} \frac{\sin x (-\sin^2 h)}{\cos(h+1) h} + \underbrace{\frac{\sin h}{h}}_{=1} \times \cos x$$

$$= \lim_{h \to 0} \frac{\sin x (-\sin h) \underbrace{\sin h}{}}{\cos(h+1) \underbrace{h}{}}_{=1} + \cos x$$

$$= \lim_{h \to 0} \frac{-\sin x \sin h}{\cos(h+1)} + \cos x$$

$$= \underbrace{\lim_{h \to 0} \frac{-\sin x \sin h}{\cos(h+1)}}_{=0} + \lim_{h \to 0} \cos x = \cos x$$

$y = e^x$의 도함수를 구해보자.

$$y' = \lim_{h \to 0} \frac{f(x+h) - f(x)}{h} = \lim_{h \to 0} \frac{e^{x+h} - e^x}{h}$$

$$= \lim_{h \to 0} \frac{e^x(e^h - 1)}{h} = e^x \lim_{h \to 0} \frac{e^h - 1}{h}$$

여기서 $e^h - 1 = t$로 하고, $e^h = 1 + t$로 한 뒤 e^h와 $1+t$를 진수로 하고 양변에 자연로그를 놓으면 $h = \ln(1+t)$이다.

$$y' = e^x \lim_{t \to 0} \frac{t}{\ln(1+t)} = e^x \lim_{t \to 0} \frac{t}{\left[\ln(1+t)^{\frac{1}{t}}\right]^t}$$

$$= e^x \lim_{t \to 0} \frac{t}{t \ln \underbrace{(1+t)^{\frac{1}{t}}}_{=e}} = e^x$$

④ 미분 공식

지금부터 소개하는 미분의 아홉 가지 기본공식은 자주 쓰이므로 기억해두면 편리하다.

(1) $(x^n)' = nx^{n-1}$

(2) $(e^x)' = e^x$

(3) $(\ln x)' = \dfrac{1}{x}$

(4) $(\sin x)' = \cos x$

(5) $(\cos x)' = -\sin x$

(6) $(\tan x)' = \sec^2 x$

(7) $(\sec x)' = \sec x \tan x$

(8) $(\csc x)' = -\csc x \cot x$

(9) $(\cot x)' = -\csc^2 x$

미분법의 기본공식은 다음과 같다.

$f(x), g(x), h(x)$가 미분이 가능할 때,

(1) $\{f(x) \pm g(x)\}' = f'(x) \pm g'(x)$　　합차의 미분법

(2) $\{cf(x)'\} = cf'(x)$ (단, c는 상수)

(3) $\{f(x)g(x)\}' = f'(x)g(x) + f(x)g'(x)$　곱의 미분법

(4) $\left\{ \dfrac{f(x)}{g(x)} \right\}' = \dfrac{f'(x)g(x) - f(x)g'(x)}{\{g(x)\}^2}$　　몫의 미분법

(5) $f(x) = c$이면 $f'(x) = 0$

문제**1** $y = 4x^3 - 9x^2 + 2x - 3$ 을 미분하여라.

풀이 $y' = (4x^3 - 9x^2 + 2x - 3)'$

$= (4x^3)' + (-9x^2)' + (2x)' - 3'$

$= 12x^2 - 18x + 2$

답 $12x^2 - 18x + 2$

문제**2** $y = 5x^3$ 을 미분하여라.

풀이 $y' = 5 \times 3x^{3-1} = 15x^2$

답 $15x^2$

문제**3** $y = (x^3 + x + 1)^4$ 을 미분하여라.

풀이 $y' = 4(x^3 + x + 1)^{4-1}(x^3 + x + 1)'$

$= 4(x^3 + x + 1)^3(3x^2 + 1)$

답 $4(x^3 + x + 1)^3(3x^2 + 1)$

문제**4** $f(x) = (x^2 + x + 2)(ax + b)$ 에 대하여,

$\lim\limits_{x \to 1} \dfrac{f(x) - f(1)}{x - 1} = 2$, $\lim\limits_{x \to 2} \dfrac{x^2 - 4}{f(x) - f(2)} = 4$ 를 만족한다.

$f'(3)$의 값을 구하여라.

풀이 $\lim\limits_{x \to 1} \dfrac{f(x)-f(1)}{x-1} = f'(1)$이므로, $f'(1)=2$가 된다.

$$\lim\limits_{x \to 2} \dfrac{x^2-4}{f(x)-f(2)} = \lim\limits_{x \to 2} \dfrac{(x-2)(x+2)}{f(x)-f(2)}$$

$$= \lim\limits_{x \to 2} \left\{ \dfrac{f(x)-f(2)}{x-2} \right\}^{-1} \times (x+2) = \dfrac{1}{f'(2)} \times 4 = 4$$

$\therefore f'(2)=1$

$f(x)=(x^2+x+2)(ax+b)$에서

$f'(x)=(x^2+x+2)'(ax+b)+(x^2+x+2)(ax+b)'$

$\qquad = (2x+1)(ax+b)+(x^2+x+2)a$

$f'(1)=(2\times 1+1)(a\times 1+b)+(1^2+1+2)a$

$\qquad = 3(a+b)+4a$

$\qquad = 7a+3b=2 \qquad \cdots ①$

$f'(2)=(2\times 2+1)(a\times 2+b)+(2^2+2+2)a$

$\qquad = 5(2a+b)+8a$

$\qquad = 18a+5b=1 \qquad \cdots ②$

①의 식과 ②의 식을 연립일차방정식으로 풀면,

$a=-\dfrac{7}{19}, \ b=\dfrac{29}{19}$

$f'(x)$에서 상수 a, b값이 결정되었으므로 다시 정리하면,

$$f'(x) = (2x+1)\left(-\frac{7}{19}x + \frac{29}{19}\right) - \frac{7}{19}(x^2 + x + 2)$$

$$f'(3) = (2 \times 3 + 1)\left(-\frac{7}{19} \times 3 + \frac{29}{19}\right) - \frac{7}{19}(3^2 + 3 + 2)$$

$$= \frac{56 - 98}{19} = -\frac{42}{19}$$

답 $-\dfrac{42}{19}$

문제 **5** $\lim\limits_{x \to 1} \dfrac{x^n + x + 4}{x - 1} = 2$일 때, n값을 구하여라.

풀이 $\lim\limits_{x \to 1} \dfrac{x^n + x + 4}{x - 1} = \lim\limits_{x \to 1} \dfrac{x^n + x + 5 - 1}{x - 1}$ 형태로 하고,

$x^n + x + 5$를 $f(x)$로 생각해보자.

그렇게 되면 $\lim\limits_{x \to 1} \dfrac{x^n + x + 4}{x - 1} = \lim\limits_{x \to 1} \dfrac{f(x) - 1}{x - 1} = f'(1) = 2$임

을 알 수 있다.

$f(x) = x^n + x + 5$이므로 $f'(x) = nx^{n-1} + 1$이다.

$f'(1) = n \times 1^{n-1} + 1 = n + 1 = 2$

$\therefore n = 1$

답 1

문제 **6** x^6+3x-4를 $(x-1)^2$으로 나눈 나머지를 구하여라.

풀이 x^6+3x-4를 $f(x)$로 하고, $(x-1)^2$을 나눈 몫을 $Q(x)$, 나

머지를 $ax+b$로 하자.

$$f(x)=x^6+3x-4=(x-1)^2Q(x)+ax+b$$

$x=1$을 대입하면

$$f(1)=1^6+3\times1-4=a\times1+b$$

$$\therefore a+b=0 \ \cdots①$$

한편 $f(x)=x^6+3x-4=(x-1)^2Q(x)+ax+b$를 미분하면,

$$f'(x)=6x^5+3=2(x-1)Q(x)+(x-1)^2Q'(x)+a$$

$x=1$을 대입하면

$$f'(1)=6\times1^5+3=a \ \ \therefore a=9$$

①의 식에 $a=9$를 대입하면

$$b=-9$$

x^6+3x-4를 $(x-1)^2$으로 나눈 나머지는 $ax+b$이므로

$9x-9$이다.

답 $9x-9$

문제 **7** 다음 조건을 가진 함수 $f(x)$가 있다.

$$\begin{cases} x^3+ax+3 & (x\leq1) \\ ax^2+bx & (x>1) \end{cases}$$

$f(x)$가 $x=1$에서 미분이 가능할 때, 상수 a, b값을 구하여라.

[풀이] $\begin{cases} x^3+ax+3 \quad (x \leq 1) & \cdots ① \\ ax^2+bx \qquad (x>1) & \cdots ② \end{cases}$

$f(x)$가 $x=1$에서 연속이어야 미분이 가능하므로 ①의 식과 ②의 식에 $x=1$을 대입한다.

$$f(1)=1^3+a \times 1+3=a+4 \quad \cdots ①$$

$$f(1)=a \times 1^2+b \times 1=a+b \quad \cdots ②$$

①의 식과 ②의 식을 동치식으로 놓고 풀면 $b=4$이다.

또한 $f'(1)$에서 미분계수가 존재해야 하기 때문에 ①의 식과 ②의 식을 미분한 각각의 $f'(x)$에 $x=1$을 대입한다.

$$f'(x)=3x^2+a \cdots ①'$$

$$f'(x)=2ax+b \qquad \cdots ②'$$

$x=1$을 대입하면

$$f'(1)=3 \times 1^2+a=3+a \quad \cdots ①'$$

$$f'(1)=2a \times 1+b=2a+b \quad \cdots ②'$$

①'의 식과 ②'의 식을 동치식으로 놓으면, $a+b=3$이 된다. $b=4$이므로 $a=-1$이다.

[답] $a=-1, \ b=4$

문제 8 $[x]$는 가우스 기호로써 x를 넘지 않는 최대정수를 나타낸다. $f(x)=[x]$일 때, $f'(7.5)$를 구하여라.

풀이 미분계수의 정의를 이용해 문제를 푼다.

$$f'(7.5)=\lim_{h\to 0}\frac{f(x+h)-f(x)}{h}=\lim_{h\to 0}\frac{[7.5+h]-[7.5]}{h}$$

$$=\lim_{h\to 0}\frac{7-7}{h}=\lim_{h\to 0}\frac{\boxed{0}}{\boxed{h}}=0$$

→ 0에 가까운 것이 아닌 정확한 0이다.

→ 0에 가까운 0이며, 0은 아니다.

주의할 것은 $\lim\limits_{h\to 0}\dfrac{0}{h}$에서 분모 h는 0에 가까워지는 것뿐 0이 아니라는 점이다. 그리고 분자는 0이므로 $f'(7.5)=0$이 된다.

답 0

문제 9 $f(1)=1$, $2f(x)=(x-2)f'(x)$를 만족하는 n차함수가 있다. $f(x)$를 구하여라.

풀이 $f(x)=ax^n+\cdots$으로 하면, $f'(x)=nax^{n-1}+\cdots$이 된다.

$2f(x)=(x-2)f'(x)$의 조건식에

$f(x)=ax^n+\cdots$와 $f'(x)=nax^{n-1}+\cdots$을 대입하면,

$2(ax^n+\cdots)=(x-2)(nax^{n-1}+\cdots)$이다.

이 식에서 좌변을 전개하면 $2ax^n+\cdots$, 우변을 전개하면 가장 높은 n차항은 $x\times nax^{n-1}=nax^n$이므로 $2a=na$에서

$n=2$가 된다. 즉 $f(x)$는 이차식이 되는 것이다.

$f(x)=ax^2+bx+c$에서 $f(1)=1$이므로,

$f(1)=a\times 1^2+b\times 1+c=a+b+c=1$ $\cdots$①

$2f(x)=(x-2)f'(x)$에서 $x=2$ 대입하면, $f(2)=0$,

여기서 $f(2)=a\times 2^2+b\times 2+c=4a+2b+c=0$ $\cdots$②

이번에는 $2f(x)=(x-2)f'(x)$에 $f(x)=ax^2+bx+c$와

$f'(x)=2ax+b$를 대입해 식을 정리하면

$2(ax^2+bx+c)=(x-2)(2ax+b)$가 되는데,

양변에 0을 대입하면 $b=-c$ $\cdots$③

①의 식, ②의 식, ③의 식에 의해 $a=1, b=-4, c=4$

따라서 $f(x)=x^2-4x+4$

답 $f(x)=x^2-4x+4$

문제 **10** $y=\sum\limits_{k=1}^{n}\dfrac{1}{3k-1}x^{3k-1}$일 때 $\lim\limits_{x\to 3}\dfrac{dy}{dx}$를 구하여라.

풀이 $y=\dfrac{1}{2}x^2+\dfrac{1}{5}x^5+\dfrac{1}{8}x^8+\cdots+\dfrac{1}{3n-1}x^{3n-1}$

$\dfrac{dy}{dx}=x+x^4+x^7+\cdots+x^{3n-2}=\dfrac{x(x^{3n}-1)}{x^3-1}=\dfrac{x^{3n+1}-x}{x^3-1}$

$\lim\limits_{x\to 3}\dfrac{dy}{dx}=\lim\limits_{x\to 3}\dfrac{x^{3n+1}-x}{x^3-1}=\dfrac{3^{3n+1}-3}{3^3-1}=\dfrac{3(3^n-1)}{26}$

답 $\dfrac{3(3^n-1)}{26}$

⑤ 롤의 정리

롤의 정리$^{\text{Rolle's theorem}}$는 미분이 가능한 함수의 기본 성질이다. 닫힌 구간 $[a, b]$에서 연속이고, 열린 구간 (a, b)에서 미분이 가능할 때 함숫값 $f(a)=f(b)$인 두 점이 존재하면 두 값 사이에 접선의 기울기가 0이 되는 점이 적어도 하나는 반드시 존재한다는 것이 롤의 정리이다. 이때 $a<c<b$인 조건도 같이 포함한다. 롤의 정리에서 기울기가 0이 되는 점을 한 개 나타낸 그래프는 다음과 같다.

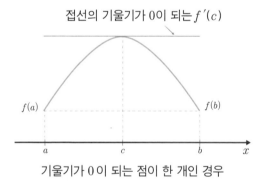

기울기가 0이 되는 점이 한 개인 경우

롤의 정리에 따라 기울기가 0이 되는 점이 두 개인 경우는 다음과 같다.

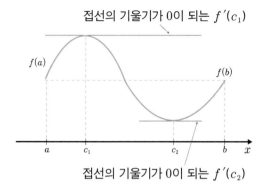

접선의 기울기가 0이 되는 $f'(c_1)$

$f(a)$

$f(b)$

a　c_1　　c_2　b　x

접선의 기울기가 0이 되는 $f'(c_2)$

기울기가 0이 되는 점이 두 개인 경우

롤의 정리를 일반화한 것이 평균값의 정리이다. 평균값의 정리는 $f(x)$가 닫힌 구간 $[a, b]$에서 연속이고, 열린 구간 (a, b)에서 미분이 가능할 때, $f'(c) = \dfrac{f(b)-f(a)}{b-a}$를 만족하는 c가 a, b 사이에 존재한다는 정리이다.

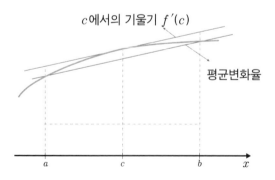

c에서의 기울기 $f'(c)$

평균변화율

a　　c　　　b　x

문제1 $\displaystyle\lim_{h \to 0} \frac{f(1+2h)-f(1-h)}{h}$ 를 간단히 하고 평균값의 정리를 이용해 설명하여라.

풀이 $\displaystyle\lim_{h \to 0} \frac{f(1+2h)-f(1-h)}{h} = \lim_{h \to 0} \frac{f(1+2h)-f(1-h)}{3h} \times 3$

$\displaystyle\qquad\qquad = \lim_{h \to 0} \frac{f(1+2h)-f(1-h)}{(1+2h)-(1-h)} \times 3$

$\displaystyle\qquad\qquad = f'(1) \times 3 = 3f'(1)$

여기서 $1-h<c<1+2h$ 이며 $h \to 0$ 이므로 $c=1$ 이 존재한다.

문제2 평균값의 정리를 이용해 $f(x)=x^3-x^2$ 이 닫힌 구간 $[-1, 1]$ 에서 $f'(c)$에 존재하는 c를 구하여라.

풀이 $f(1)=0$, $f(-1)=-2$ 이며 평균변화율은 $\dfrac{f(1)-f(-1)}{1-(-1)}$ $=\dfrac{0-(-2)}{2}=1$ 이다. $f'(x)=3x^2-2x$ 이며, $f'(x)=3x^2-2x=1$ 을 $3x^2-2x-1=0$ 으로 놓고 풀면 $x=-\dfrac{1}{3}$ 또는 1이다. 즉 $c=-\dfrac{1}{3}$ 또는 1이다. 이때 열린 구간 $(-1, 1)$ 에서 c가 존재하므로 $c \neq 1$ 이다. 따라서 $c=-\dfrac{1}{3}$.

답 $c=-\dfrac{1}{3}$

⑥ 합성함수의 미분법

예를 들어 $y=(3x+2)^2$의 첫 번째 방법은 원래 알고 있는 방법으로 미분하면 $y'=2(3x+2)^{2-1}(3x+2)'=2(3x+2)\times3=18x+12$가 된다.

두 번째 방법은 합성함수의 미분법으로 푸는 방법이다. 함수 $y=(3x+2)^2$에서 $3x+2=u$로 하면 $y=u^2$이 되어서 $\frac{dy}{du}=2u$가 된다. $3x+2=u$에서 $\frac{du}{dx}=3$이다. $\frac{dy}{du}\times\frac{du}{dx}=2u\times3=6u=6(3x+2)=18x+12$가 된다.

첫 번째 방법과 두 번째 방법 중 어느 방법이 더 편리한지는 풀어보는 여러분이 결정하면 된다. 그러나 확실한 것은 차수가 높을수록 합성함수의 미분법으로 푸는 것이 더 빠를 수 있다는 것이다.

합성함수는 과학의 한 부분인 생물학에 적용할 수도 있다. 플랑크톤 수를 x, 플라크톤을 먹는 작은 물고기 수를 u, 작은 물고기를 잡아먹는 물고기 수를 y로 하자.

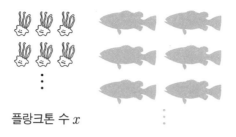

플랑크톤 수 x

플랑크톤을 먹는 작은 물고기 수 u

x의 변화에 따른 u의 변화를 나타내면 $\dfrac{du}{dx}$ 가 된다. 즉 플랑크톤 수의 증감에 따른 플랑크톤을 먹는 작은 물고기 수의 증감을 나타낸 변화율이다. 이번에는 플랑크톤을 먹는 작은 물고기와 작은 물고기를 먹는 물고기 수를 생각해보자.

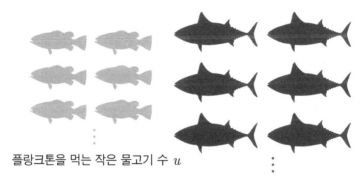

플랑크톤을 먹는 작은 물고기 수 u

작은 물고기를 먹는 물고기 수 y

위의 그림에서 보는 바와 같이 u에 따른 y의 변화를 나타내면 $\dfrac{dy}{du}$ 가 된다. 따라서 $\dfrac{du}{dx} \times \dfrac{dy}{du} = \dfrac{dy}{dx}$ 가 되어 플랑크톤 수에 따른 작

은 물고기를 먹는 물고기 수에 대한 변화율을 나타낸 것이 된다.

이번에는 $y = (3x^2 + 6x + 1)^6$을 미분해보자.

이 함수를 미분하면,

$$y' = 6(3x^2 + 6x + 1)^5 (3x^2 + 6x + 1)'$$

$$= 6(3x^2 + 6x + 1)^5 (6x + 6)$$

$$= 36(x + 1)(3x^2 + 6x + 1)^5$$

여기서 $(3x^2 + 6x + 1)^5$을 전개할 필요는 없다.

합성함수의 미분법으로 $y = (3x^2 + 6x + 1)^6$을 풀어보면, $3x^2 + 6x + 1 = u$, $y = u^6$으로 하면, $\dfrac{du}{dx} = 6x + 6$, $\dfrac{dy}{du} = 6u^5$이다.

$$\frac{dy}{dx} = \frac{dy}{du} \times \frac{du}{dx} = 6u^5 (6x + 6)$$

$$= 6u^5 \times 6(x + 1) = 36(3x^2 + 6x + 1)^5 (x + 1)$$

$$= 36(x + 1)(3x^2 + 6x + 1)^5$$

계속해서 $y = \sin(x^2 + x)$를 미분해보자.

$x^2 + x = u$로 하면 $y = \sin u$이므로 $\dfrac{du}{dx} = 2x + 1$, $\dfrac{dy}{du} = \cos u$이다.

$$\frac{dy}{dx} = \frac{dy}{du} \times \frac{du}{dx} = \cos u (2x + 1)$$

$$= \cos(x^2 + x)(2x + 1) = (2x + 1)\cos(x^2 + x)$$

$y = \ln|x|$를 미분할 경우엔 어떠할까? 절댓값이 있을 때는 $x > 0$, $x < 0$인 두 가지 경우를 생각해볼 수 있다. $x > 0$인 경우는 $y = \ln x$

이며, $\dfrac{dy}{dx} = \dfrac{1}{x}$ 이다. 반대로 $x<0$일 때는 $y=\ln(-x)$이며 $-x=u$,

$\dfrac{du}{dx} = -1$, $y=\ln u$로 하면 $\dfrac{dy}{du} = \dfrac{1}{u}$ 이며, $\dfrac{dy}{dx} = \dfrac{du}{dx} \times \dfrac{dy}{du} = -1 \times \dfrac{1}{u}$

$= -\dfrac{1}{u} = \dfrac{1}{x}$ 이 된다.

7 로그 미분법

로그 미분법

$y=x^n$의 도함수를 구하면 $y=nx^{n-1}$이 된다. 그러나 x^x의 도함수를 구하려면 공식이 성립되지 않으므로 풀 수 없다. 이를 해결하기 위해 x^x을 자연로그의 진수로 하여 양변에 자연로그를 놓고 푸는 방법이 있다.

$y=x^x$
        y와 x^x을 진수로 하고 양변에 자연로그를 놓으면

$\ln y = \ln x^x$

$\ln y = x\ln x$

        양변을 미분하면

$\dfrac{y'}{y} = \ln x + x \times \dfrac{1}{x}$

$y' = y(\ln x + 1)$

$y' = x^x(1+\ln x)$

이처럼 양변에 자연로그를 놓고 푸는 방법을 로그 미분법이라 한다.

$y = \sin^x x$을 미분해보자.

$y = \sin^x x$

y와 $\sin^x x$를 진수로 하고 양변에 자연로그를 놓으면

$\ln y = \ln (\sin x)^x$

$\ln y = x \ln \sin x$

양변을 미분하면

$$\frac{y'}{y} = \ln \sin x + x \times \frac{\cos x}{\sin x}$$

$$y' = y(\ln \sin x + x \cot x)$$

$$\therefore \ y' = \sin^x x(\ln \sin x + x \cot x)$$

여기서 ✔ **Check Point**

$\ln \sin x$를 미분하면 $\dfrac{1}{\sin x}$ 이 아니라 $\dfrac{\cos x}{\sin x}$ 가 된다.

$\ln x$를 미분하면 $\dfrac{x'}{x} = \dfrac{1}{x}$ 이 된다. 자연로그의 진수 x는 미분할 때 분모에 그대로 놓지만 분자에는 미분을 한 x를 놓는다. $\ln \sin x$를 미분하면 $\dfrac{(\sin x)'}{\sin x} = \dfrac{\cos x}{\sin x}$ 이다.

이번에는 $y = \cos^x x$를 미분해보자.

$y = \cos^x x$

y와 $\cos^x x$를 진수로 하고 양변에 자연로그를 놓으면

$\ln y = \ln (\cos x)^x$

$\ln y = x \ln \cos x$

양변을 미분하면

$$\frac{y'}{y} = \ln \cos x + x \times \left(-\frac{\sin x}{\cos x} \right)$$

$$y' = y(\ln \cos x - x \tan x)$$

$$\therefore y' = \cos^x x \, (\ln \cos x - x \tan x)$$

이번에는 $y = \tan^x x$를 미분해보자.

$y = \tan^x x$

y와 $\tan^x x$를 진수로 하고 양변에 자연로그를 놓으면

$\ln y = \ln (\tan x)^x$

$\ln y = x \ln \tan x$

양변을 미분하면

$$\frac{y'}{y} = \ln \tan x + x \times \frac{\sec^2 x}{\tan x}$$

$$y' = \tan^x x \left(\ln \tan x + \frac{x \sec^2 x}{\tan x} \right)$$

$$= (\tan x)^x \, (\ln \tan x + x \csc x \sec x)$$

8 역함수의 미분법

다항함수에서 역함수의 미분법

다항함수에서 역함수의 미분법은 먼저 x, y의 역함수를 구한 것처럼 x, y를 서로 바꾼 뒤 $\dfrac{dx}{dy}$를 구한다. 마지막으로 $\dfrac{dy}{dx}$를 구하기 위해 역함수로 놓고 구하면 된다.

$y = 2x + 1$의 역함수의 도함수를 구해보자.

$$y = 2x + 1$$

x와 y를 서로 바꾸면

$$x = 2y + 1$$

$$\frac{dx}{dy} = 2$$

$$\therefore \; \frac{dy}{dx} = \frac{1}{2}$$

역삼각함수에서 역함수의 미분법

역함수의 미분법에 의해 역삼각함수도 도함수를 구할 수 있다. $y = \sin^{-1} x$의 도함수를 구해보자. $\sin x$의 역함수의 도함수를 구하는 것이므로 처음은 $y = \sin x$로 하고 문제를 푼다.

$$y = \sin x$$

x와 y를 서로 바꾸면

$$x = \sin y$$

$$\frac{dx}{dy} = \cos y$$

$-\frac{\pi}{2} \leq y \leq \frac{\pi}{2}$ 이므로

$$\cos y = \sqrt{1 - \sin^2 y} = \sqrt{1 - x^2}$$

$$\therefore \frac{dy}{dx} = \frac{1}{\dfrac{dx}{dy}} = \frac{1}{\sqrt{1 - x^2}}$$

이번에는 $y = \cos^{-1} x$의 도함수를 구해보자.

$\cos x$의 역함수의 도함수를 구하는 것이므로 처음은 $y = \cos x$ 로 하고 문제를 푼다.

$$y = \cos x$$

x와 y를 서로 바꾸면

$$x = \cos y$$

$$\frac{dx}{dy} = -\sin y$$

$0 \leq y \leq \pi$ 이므로

$$-\sin y = -\sqrt{1 - \cos^2 y} = -\sqrt{1 - x^2}$$

$$\therefore \frac{dy}{dx} = \frac{1}{\dfrac{dx}{dy}} = -\frac{1}{\sqrt{1 - x^2}}$$

많이 쓰이는 역삼각함수의 도함수는 다음과 같다.

(1) $(\sin^{-1}x)' = \dfrac{1}{\sqrt{1-x^2}}$

(2) $(\cos^{-1}x)' = -\dfrac{1}{\sqrt{1-x^2}}$

(3) $(\tan^{-1}x)' = \dfrac{1}{1+x^2}$

(4) $(\csc^{-1}x)' = -\dfrac{1}{|x|\sqrt{x^2-1}}$

(5) $(\sec^{-1}x)' = \dfrac{1}{|x|\sqrt{x^2-1}}$

(6) $(\cot^{-1}x)' = -\dfrac{1}{1+x^2}$

⑨ 매개변수 함수의 미분법

$x = f(t)$와 $y = g(t)$가 모든 구간에서 미분이 가능하고 $f'(t) \neq 0$ 일 때 y는 x에 대해 미분 가능하여 다음의 미분법이 성립한다.

$$\frac{dy}{dx} = \frac{\dfrac{dy}{dt}}{\dfrac{dx}{dt}} = \frac{g'(t)}{f'(t)}$$

이를 매개변수 t를 이용한 매개변수 함수의 미분법이라 한다. $y=f(x)$에서 x, y가 t에 관한 식으로 나타나면 이를 x에 관한 y의 식으로 미분한 것이다. 매개변수 t는 x, y에 다소 영향을 준다. $t > 0$이며 $x = a\sin t$, $y = a\cos 2t$인 함수를 미분해보자.

$$\frac{dy}{dx} = \frac{\dfrac{dy}{dt}}{\dfrac{dx}{dt}} = \frac{-2a\sin 2t}{a\cos t} = -4\sin t$$

⑩ 고계 도함수

$n > 1$일 때 $f^{(n)}(x)$가 존재하고, $f^{(n)}(x)$가 연속이면 $f^{(n)}(x)$를 $f(x)$의 고계도함수*higher oder derivatives*라 한다. 여기서 n은 미분 횟수를 말한다. 미분을 여러 번 했을 때 규칙을 찾으면 그것이 공식이 된다. n계 도함수는 n번 미분한 것을 말한다.

$f(x) = x^3 + 2x^2 + 1$을 한 번 미분하면 $f'(x) = 3x^2 + 4x$이다. 두 번 미분하면 $f''(x) = 6x + 4$, 세 번 미분하면 $f'''(x) = 6$, 네 번 미분하면 $f^{(4)}(x) = 0$이다. 네 번 미분부터는 $f^{(4)}(x)$로 표기한다. 다섯 번의 미분부터는 계속 0이 된다. $f(x) = e^x$은 여러 번 미분해도 그대로이다.

$f(x) = \sin x$의 고계도함수를 구해보자.

$$f'(x) = \cos x = \sin\left(x + \frac{\pi}{2}\right)$$

$$f''(x) = -\sin x = \sin\left(x + \pi\right)$$

$$f'''(x) = -\cos x = \sin\left(x + \frac{3\pi}{2}\right)$$

$$\vdots$$

규칙을 찾으면 $f^{(n)}(x) = \sin\left(x + \frac{n\pi}{2}\right)$ 이다.

고계도함수에서 주로 쓰이는 공식은 다음과 같다.

(1) $(\sin x)^{(n)} = \sin\left(x + \frac{n\pi}{2}\right)$

(2) $(\cos x)^{(n)} = \cos\left(x + \frac{n\pi}{2}\right)$

(3) $\left(\dfrac{1}{1-x}\right)^{(n)} = \dfrac{n!}{(1-x)^{n+1}}$

🔟 연속과 미분의 가능

연속은 극한값과 함숫값이 같은 경우를 말한다.

$\lim\limits_{x \to a+0} f(x) = \lim\limits_{x \to a-0} f(x) = f(a)$ 이면 극한값이 존재한다. 미분의 가능은 $f'(a)$가 존재하는지를 놓고 알 수 있는데, 미분이 가능하면 연속이다. 그러나 연속은 미분이 불가능한 경우가 있다. 모든

연속이 미분이 가능하지 않다는 의미인데 $y=|x(x-1)|$을 보자. 그래프로 나타내면 다음과 같다.

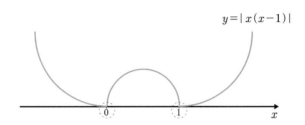

$y=|x(x-1)|$

위의 그래프를 보면 $x=0,\ 1$에서 뾰족하다. 그래프가 부드럽게 연결이 되지 않으면 미분이 되지 않으므로 미분이 불가능하다. 따라서 다음과 같이 정리할 수 있다.

미분이 가능하면 연속이다.   ⋯⋯▶ 참인 명제

연속이면 미분이 가능하다.   ⋯⋯▶ 거짓인 명제

연속이면 미분이 가능한 것도 있겠지만 미분이 불가능할 수도 있으므로 거짓인 명제가 된다. 수학에서는 거짓인 예가 한 가지라도 있으면 그 명제는 거짓이 된다.

한편 $f(x)=x|x|$는 연속이면서 미분이 가능한 예로 아래의 그래프가 있다.

그래프를 그릴 때는 두 가지 조건 $\begin{cases} x^2 & (x \geq 0) \\ -x^2 & (x < 0) \end{cases}$ 을 고려해야 한다.

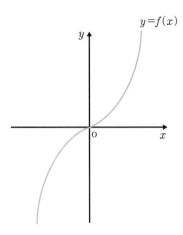

$y=f(x)$

$x \geq 0$일 때와 $x < 0$일 때 $f(0)=0, f'(0)=0$이므로 이 함수는 미분이 가능하다.

$$f(x)=\begin{cases} -x^2 & (x \leq 1) \\ x^2-4x+2 & (x>1) \end{cases}$$

$x \leq 1$, $x>1$인 두 가지의 경우에서 $f(1)=-1$, $f'(1)=-2$이므로 연속이며, 다음과 같은 그래프가 나타나므로 미분이 가능하다.

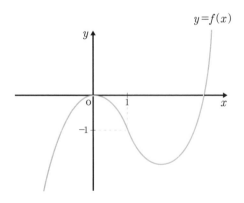

$y=f(x)$

4장

곡선의 접선
미분

🔷 1 곡선의 기울기

　곡선은 선형^{linear}이 아닌 선으로, 점이 모인 집합이다. 일차함수
는 선형함수이며 직선이고 이차함수부터는 곡선의 형태이다. 지
수함수와 로그함수, 쌍곡선도 곡선의 형태로, 곡선은 연속된 집합
이다. 곡선의 형태에 따라 기울기가 다르며 도함수와 미분계수를
구할 수 있다. 도함수는 임의의 점 x의 접선의 기울기로, $f'(x)$로
나타낸다. 함수로 나타낸 것이다. 미분계수는 $x=a$인 점에서 접
선의 기울기로, $f'(a)$로 나타낸다. 미분계수는 도함수보다는 좀
더 정확하게 접선의 기울기를 나타낸다. 때문에 a값이 상수로 나
타나면 어떤 점에서 미분을 했는지 알 수 있다. $y=ax+b$에서 기
울기 a와 y절편 b가 주어졌을 때 그 식을 그래프로 나타낼 수 있

다. 차이점은 다음과 같다.

도함수는 $f(x) = \lim\limits_{\Delta x \to 0} \dfrac{f(x+\Delta x)-f(x)}{\Delta x}$ 로 나타내고 미분계수

는 $f'(a) = \lim\limits_{\Delta x \to 0} \dfrac{f(a+\Delta x)-f(a)}{\Delta x}$ 로 나타낸다.

이차함수 $y = ax^2 + bx + c$가 있고 점 $(1, -1)$을 지나며 이 점에서 접선의 기울기가 -2이다. 이 이차함수가 점 $(2, 5)$를 지날 때 a, b, c를 어떻게 구할 수 있을까?

우선 $y = ax^2 + bx + c$가 점 $(1, -1)$과 점 $(2, 5)$를 지나므로 각각 대입하면,

$$a+b+c = -1 \quad \cdots ①$$
$$4a+2b+c = 5 \quad \cdots ②$$

이차함수가 점 $(1, -1)$에서 접선의 기울기가 -2란 의미는 $x = 1$에서 미분계수가 -2, $f'(1) = -2$라는 의미이다. 따라서 우선 미분을 하면 $f'(x) = 2ax + b$이며, $f'(1) = 2a + b = -2$이다.

$$2a + b = -2 \quad \cdots ③$$

이에 따라 ①의 식, ②의 식, ③의 식을 연립하여 풀면 $a = 8$, $b = -18$, $c = 9$가 된다.

$y = ax^3 + bx^2 + cx + d$의 삼차함수가 있다. 이 곡선은 점 $(2, -3)$에서 $y = 3x - 4$에 접하고 점 $(-4, -2)$에서 $y = -x + 9$에 접한다.

이때 상수 a, b, c, d를 구하는 문제가 나온다면 먼저 그래프를 그려본다.

$y=ax^3+bx^2+cx+d$ 그래프에서 $a>0$이면 ⌒⌄ 형태이고, $a<0$이면 ⌄⌒ 형태이다. 이때 a에 대한 조건이 나와 있지 않으므로 둘 중에 하나를 선택해서 그리면 된다. 이러한 곡선의 접선 미분 문제는 그래프를 정확하게 그리기보다는 대략 형태를 그려보면 문제 해결의 실마리가 보인다.

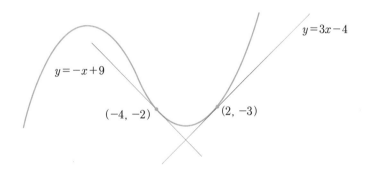

$y=ax^3+bx^2+cx+d$의 도함수를 구하면 $y'=3ax^2+2bx+c$이다. 점 $(-4, -2)$에서 기울기는 미분계수이며 $y'_{x=-4}=3a\times(-4)^2+2b\times(-4)+c=-1$, 점 $(2, -3)$에서 기울기도 미분계수이며 $y'_{x=2}=3a\times(2)^2+2b\times(2)+c=3$이다. 이를 전개하면 다음 두 개의 식이 나온다.

$$48a-8b+c=-1 \quad \cdots ①$$

$$12a+4b+c=3 \quad \cdots ②$$

그리고 $y = ax^3 + bx^2 + cx + d$는 점 $(-4, -2)$와 점 $(2, -3)$을 지나므로 각각 대입하면 두 개의 식이 나온다.

$$-64a + 16b - 4c + d = -2 \quad \cdots ③$$
$$8a + 4b + 2c + d = -3 \quad \cdots ④$$

①의 식, ②의 식, ③의 식, ④의 식을 연립방정식으로 풀면,

$a = \dfrac{7}{108}$, $b = \dfrac{19}{36}$, $c = \dfrac{1}{9}$, $d = -\dfrac{158}{27}$ 이다.

계속해서 $y = kx^2 e^{-x}$와 $y = x$가 접할 때 k를 구해보자.

$y = kx^2 e^{-x}$을 $f(x)$, $y = x$를 $g(x)$로 하고, $f(t) = g(t)$의 식, $f'(t) = g'(t)$의 식을 세우고 연립해서 풀면 된다.

$f(t) = g(t) \Rightarrow kt^2 e^{-t} = t$

양변을 t로 나누면 ($t \neq 0$이므로 가능하다.)

$$kt e^{-t} = 1$$

$f'(t) = g'(t) \longrightarrow 2kt e^{-t} - \underbrace{kt^2 e^{-t}}_{= t} = 1$

$$2kt e^{-t} - t = 1$$

$$t(2k e^{-t} - 1) = 1$$

$$\therefore t = 1$$

$t = 1$이므로 $kt e^{-1} = 1$에 대입하면 $k = e$이다.

② 접선의 방정식

곡선 위의 점에서 접선의 방정식

곡선 위에 점이 있을 때 그 점을 접점으로 접선이 있다고 생각해 보자. 이때 접선이 x축과 이루는 각도를 α로 하면 접선의 기울기는 $\tan\alpha$이다.

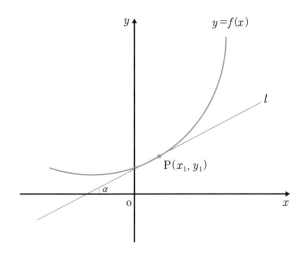

접선을 l로 놓고, 접점 $P(x_1, y_1)$이 있으며 접선과 x축이 이루는 각을 α로 한다면 다음 그래프와 같다.

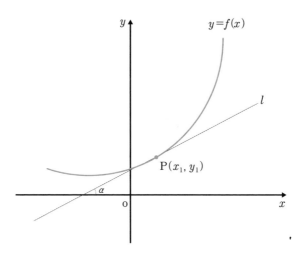

접선의 방정식 l은 $y=\tan\alpha\,(x-x_1)+y_1$이 된다. $\tan\alpha=f'(x_1)$으로 한다면 $y=f'(x_1)(x-x_1)+y_1$이다.

③ 법선의 방정식

법선^{normal}의 방정식은 앞서 말한 접선의 방정식과 직교하는 방정식을 말한다. 따라서 기울기가 접선의 방정식과 $90°$를 이루게 된다. 그림은 다음과 같다.

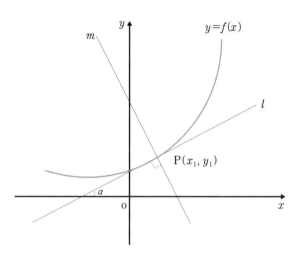

직선 m이 법선의 방정식을 나타낸 것이다.

이는 $y = -\dfrac{1}{\tan\alpha}(x-x_1)+y_1$ 이다. $\tan\alpha = f'(x_1)$ 으로 하면 법선의 방정식은 $y = -\dfrac{1}{f'(x_1)}(x-x_1)+y_1$ 이다.

왜 접선의 방정식의 기울기가 $\tan\alpha$이면 법선의 방정식의 기울기는 $-\dfrac{1}{\tan\alpha}$ 일까?

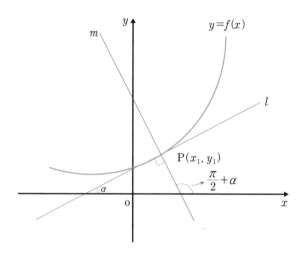

직선 l이 x축과 이루는 각은 α이고, 직선 m이 x축과 이루는

각은 $\dfrac{\pi}{2}+\alpha$이다. 직선 l의 기울기는 $\tan\alpha$, 직선 m의 기울기는

$$\tan\left(\frac{\pi}{2}+\alpha\right)=\frac{\sin\left(\dfrac{\pi}{2}+\alpha\right)}{\cos\left(\dfrac{\pi}{2}+\alpha\right)}=\frac{\cos\left(-\alpha\right)}{\sin\left(-\alpha\right)}=-\frac{\cos\alpha}{\sin\alpha}$$

$=-\cot\alpha$ 이므로 $-\dfrac{1}{\tan\alpha}$ 이다. 두 직선의 기울기의 곱은
$\tan\alpha\times\left(-\dfrac{1}{\tan\alpha}\right)=-1$이 된다.

문제 **1** $y=e^x$ 위의 점 $(0, 1)$에서 접선의 방정식을 구하여라.

풀이 $y'=e^x$이고, $x=0$에서 기울기 $y'_{x=0}=1$이다.

접선의 방정식은 $y=x+1$

답 $y=x+1$

문제 **2** 곡선 $y=\ln x$ 위의 점 $P(1, 0)$에서 법선의 방정식을 구하여라.

풀이 $y=\ln x$의 기울기는 $\dfrac{1}{x}$ 이며 $P(1, 0)$에서 접선의 기울기는 $y'_{x=1}=1$이다. 따라서 법선의 방정식 기울기는 -1이 되고 $P(1, 0)$을 지나므로 $y=-1\times(x-1)+0$ ∴ $y=-x+1$

답 $y=-x+1$

문제 **3** $y=\sin x$의 접선 중 기울기가 $\dfrac{1}{2}$ 인 접선의 y절편은? (단, $0\leq x \leq \pi$)

풀이 $y=\sin x$의 도함수는 $y'=\cos x$이며 $\cos x=\dfrac{1}{2}$ 을 만족하는 $x=\dfrac{\pi}{3}$ 이다.

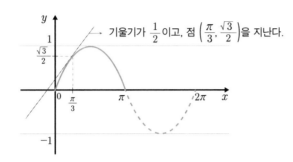

기울기가 $\frac{1}{2}$ 이고, 점 $\left(\frac{\pi}{3}, \frac{\sqrt{3}}{2}\right)$ 을 지난다.

접선의 기울기가 $\frac{1}{2}$ 이고, 점 $\left(\frac{\pi}{3}, \frac{\sqrt{3}}{2}\right)$ 을 지나므로

$$y = \frac{1}{2}\left(x - \frac{\pi}{3}\right) + \frac{\sqrt{3}}{2}$$

y절편은 $x=0$일 때 y값이므로 $-\frac{\pi}{6} + \frac{\sqrt{3}}{2}$

답 $\quad -\frac{\pi}{6} + \frac{\sqrt{3}}{2}$

문제 4 포물선의 방정식 $y^2 = -4x$가 있다. 이에 접하는 기울기가 3 인 접선의 방정식을 구하여라.

풀이 포물선의 방정식 $y^2 = -4x$의 도함수를 구하면 $2yy' = -4$

$$y' = -\frac{2}{y}$$

기울기가 3이므로

$$y' = -\frac{2}{y} = 3$$

$$y = -\frac{2}{3}$$

$y^2 = -4x$에 $y = -\frac{2}{3}$ 를 대입하면 $x = -\frac{1}{9}$

따라서 $y = 3\left(x + \frac{1}{9}\right) - \frac{2}{3} = 3x - \frac{1}{3}$

답 $y = 3x - \frac{1}{3}$

문제5 쌍곡선의 방정식 $\dfrac{x^2}{6} - \dfrac{y^2}{3} = 1$ 위의 점 $\left(3, \dfrac{\sqrt{6}}{2}\right)$에서 접선의 방정식을 구하여라.

풀이 쌍곡선의 방정식 $\dfrac{x^2}{6} - \dfrac{y^2}{3} = 1$의 도함수를 구하기 위해 미분하면,

$$\frac{1}{3}x - \frac{2}{3}yy' = 0$$

$$y' = \frac{x}{2y}$$

도함수 y'에 점 $\left(3, \dfrac{\sqrt{6}}{2}\right)$의 좌표값을 대입하면,

기울기 $y' = \dfrac{x}{2y} = \dfrac{3}{2 \times \left(\dfrac{\sqrt{6}}{2}\right)} = \dfrac{\sqrt{6}}{2}$

따라서 접선의 방정식은 $y = \dfrac{\sqrt{6}}{2}(x-3) + \dfrac{\sqrt{6}}{2}$

$$= \dfrac{\sqrt{6}}{2}x - \sqrt{6}$$

답 $y = \dfrac{\sqrt{6}}{2}x - \sqrt{6}$

문제 6 곡선 $y = \cos^2 x \, (0 \leq x \leq 1)$에 접하고 직선 $y = -x+1$에 평행한 직선의 방정식을 구하여라.

풀이 곡선 $y = \cos^2 x$의 도함수를 구하면,

$y' = 2\cos x \times (-\sin x)$

$y' = -2\sin x \cos x = -\sin 2x$

직선 $y = -x+1$에 평행하므로 기울기가 -1이고,

$-\sin 2x = -1$,

$\sin 2x = 1$이므로 $2x = \dfrac{\pi}{2}, \dfrac{5}{2}\pi, \dfrac{9}{2}\pi, \cdots$이지만

$0 \leq x \leq 1$이므로 $0 \leq 2x \leq 2$에서 $\dfrac{\pi}{2}$ 만 가능하다.

기울기가 -1이고 $x = \dfrac{\pi}{4}$, $y = \cos^2 x$에 $x = \dfrac{\pi}{4}$ 를 대입하면

$y = \dfrac{1}{2}$ 이다. 따라서 $y = -\left(x - \dfrac{\pi}{4}\right) + \dfrac{1}{2} = -x + \dfrac{\pi}{4} + \dfrac{1}{2}$

답 $y = -x + \dfrac{\pi}{4} + \dfrac{1}{2}$

문제 7 $x=\theta-\sin\theta$, $y=1-\sin\theta$로 표시된 곡선의 $\theta=\dfrac{\pi}{4}$ 인 점에서 접선의 방정식을 구하시오.

풀이 $\dfrac{dx}{d\theta}=1-\cos\theta$, $\dfrac{dy}{d\theta}=-\cos\theta$이므로,

$$\dfrac{dy}{dx}=\dfrac{\dfrac{dy}{d\theta}}{\dfrac{dx}{d\theta}}=\dfrac{-\cos\theta}{1-\cos\theta}$$

$\theta=\dfrac{\pi}{4}$ 일 때 $\dfrac{dy}{dx}=\dfrac{-\cos\dfrac{\pi}{4}}{1-\cos\dfrac{\pi}{4}}=-\sqrt{2}-1$

$\theta=\dfrac{\pi}{4}$ 일 때 $x=\dfrac{\pi}{4}-\dfrac{\sqrt{2}}{2}$, $y=1-\dfrac{\sqrt{2}}{2}$

접선의 방정식 $y=(-\sqrt{2}-1)\left(x-\dfrac{\pi}{4}+\dfrac{\sqrt{2}}{2}\right)+1-\dfrac{\sqrt{2}}{2}$

$\therefore\ y=-(\sqrt{2}+1)\,x+\left(\dfrac{\sqrt{2}+1}{4}\right)\pi-\sqrt{2}$

답 $y=-(\sqrt{2}+1)\,x+\left(\dfrac{\sqrt{2}+1}{4}\right)\pi-\sqrt{2}$

문제 8 $\lim\limits_{x\to2}\dfrac{f(x)-2}{x^2-4}=\dfrac{1}{3}$ 일 때 곡선 $y=f(x)$ 위의 $x=2$인 점에서 접선의 방정식을 구하여라.

풀이 $\lim\limits_{x\to2}f(x)-2=f(2)-2=0$이다. $f(2)=2$이므로,

$$\lim_{x \to 2} \frac{f(x)-2}{x^2-4} = \lim_{x \to 2} \frac{f(x)-f(2)}{(x+2)(x-2)} = \frac{f'(2)}{4} = \frac{1}{3}$$

$x=2$에서 $f'(2)=\dfrac{4}{3}$

접선의 방정식은 $y=\dfrac{4}{3}(x-2)+2$

$\therefore y=\dfrac{4}{3}x-\dfrac{2}{3}$

답 $y=\dfrac{4}{3}x-\dfrac{2}{3}$

문제 9 $\begin{cases} x=t^3 \\ y=1-t \end{cases}$ 인 점이 점 $(8,-1)$일 때 접선의 방정식을 구하여라.

풀이 $\dfrac{dx}{dt}=3t^2$, $\dfrac{dy}{dt}=-1$이므로 $\dfrac{dy}{dx}=\dfrac{\dfrac{dy}{dt}}{\dfrac{dx}{dt}}=-\dfrac{1}{3t^2}$

점 $(8, -1)$은 x, y좌표이므로 $t^3=8$이고 $1-t=-1$이다.

따라서 $t=2$

$\left.\dfrac{dy}{dx}\right|_{t=2}=-\dfrac{1}{12}$

$y=-\dfrac{1}{12}(x-8)-1=-\dfrac{1}{12}x-\dfrac{1}{3}$

답 $-\dfrac{1}{12}x-\dfrac{1}{3}$

문제 **10** 두 곡선 $y=\sin x$, $y=x^2+p\,(p>0)$이 $x=a$인 점에서 접할 때, p를 a로 나타내어라.

풀이 두 곡선이 $x=a$에서 $f(a)$ 값, $f'(a)$의 값도 같은 것을 이용한다. 그림은 다음과 같다.

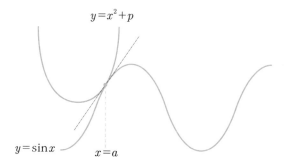

위의 그림처럼 $x=a$에서 두 곡선이 만나므로

$\sin a=a^2+p$ ···①

두 곡선이 $f'(a)$가 같으므로 $\cos a=2a$ ···②

②의 식을 $a=\dfrac{\cos a}{2}$ 로 놓고 ①의 식에 대입하면,

$p=\sin a-\dfrac{1}{4}\cos^2 a=\dfrac{1}{4}\sin^2 a+\sin a-\dfrac{1}{4}$

답 $p=\dfrac{1}{4}\sin^2 a+\sin a-\dfrac{1}{4}$

5장

미분의 응용

1 극댓값과 극솟값

곡선의 그래프를 보면 기울기가 상승하다가 어느 점에서 극에 달한 후 다시 하강하는 경우가 있다. 또한 하강하다가 어느 정점에 도달한 후 다시 상승하기도 한다. 보통 이러한 경우에서 생기는 정점을 극점, 극점에서 생기는 값을 극값이라 하며 극댓값과 극솟값으로 나눈다.

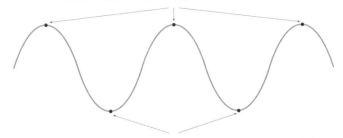

극댓점 기울기가 증가하다 정점에 이른 후 감소한다.

극솟점 기울기가 감소하다 정점에 이른 후 증가한다.

극댓점은 그 점에서 연속이며 미분계수의 부호가 양(+)에서 음(−)으로 변하는 점이다. 뾰족한 점은 미분이 불가능하지만 극댓점이 있다. 미분이 불가능하더라도 극댓점은 존재하는 것이다. 또 미분계수의 부호가 양(+)에서 음(−)으로 바뀐다면 극댓점은 존재한다. 반대로 극솟점은 그 점에서 연속이며 미분계수의 부호가 음(−)에서 양(+)으로 변하는 점이다. 마찬가지로 미분의 가능성과 극점은 관계가 없으며 미분이 불가능해도 극점이 존재할 수 있다.

그렇다면 극점이 있으면 항상 미분이 가능할까? 그렇지는 않다. 다음 그래프를 보자.

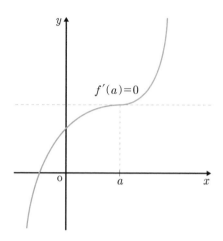

$f'(a)=0$이지만 $x=a$를 정점으로 계속 증가한다. 정점을 지나도 기울기가 계속 양(+)인 것이다. 따라서 극점이 갖추어야 할 조건 중 하나인 미분계수 부호의 양(+)에서 음(−)의 변화 또는 음(−)에서 양(+)의 변화가 없다.

그렇다면 미분이 가능하면 항상 극점이 존재하는지 다음 그래프를 통해 살펴보자.

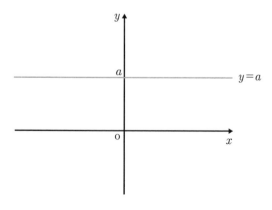

$y=a$ 그래프는 기울기가 0이고 미분이 가능하지만 미분계수의 증가 또는 감소가 없다. 따라서 미분이 가능하다고 항상 극점이 있는 것은 아니다.

그래프의 개형

그래프의 형태를 대략으로 그릴 때는 극값의 변화를 보면서 그리면 빠르다. 좌표평면에서 극점의 위치 및 변화를 알아내면 그래프의 개형을 그릴 수 있는 것이다. 다음 $f'(x)$의 그래프를 보자.

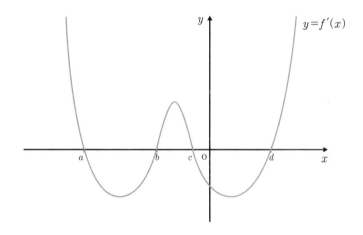

위의 그래프에서 a, b, c, d는 극점을 나타낸다. 그리고 $f'(x)$의 그래프가 사차식인 것으로 보아 $f(x)$는 오차식이다. 또 $f'(x)$의 $y>0$인 부분은 기울기가 양(+)을 의미하므로 증가, $f'(x)$의 $y<0$

인 부분은 기울기가 음(−)을 의미하므로 감소인 것을 알 수 있다.

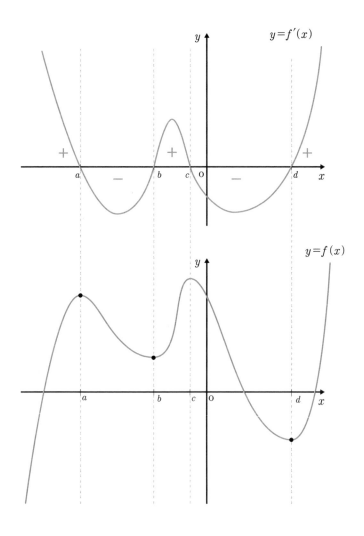

그래프에서 보는 바와 같이 $x=a$와 $x=c$에서 극댓점을, $x=b$와 $x=d$에서 극솟점을 가진다.

문제1 $f(x)=x^3+px^2-(p-1)x+q$가 있다. $f(x)$가 극값을 가질 때 p값의 범위를 구하여라.

풀이 $f'(x)=3x^2+2px-p+1$이며 $f'(x)$의 판별식 $\dfrac{D}{4}$ 가 0보다 클 때 극댓값과 극솟값을 가진다.

$$\frac{D}{4}=p^2-3(-p+1)>0$$

$$\therefore \ p<\frac{-3-\sqrt{21}}{2} \ \text{또는} \ p>\frac{-3+\sqrt{21}}{2}$$

답 $p<\dfrac{-3-\sqrt{21}}{2}$ 또는 $p>\dfrac{-3+\sqrt{21}}{2}$

문제2 $f(x)=ax^3+bx^2+cx+d$일 때 $x=-1$에서 극댓값 1, $x=1$에서 극솟값 2를 가진다고 한다. a, b, c, d를 구하여라.

풀이 $f(x)=ax^3+bx^2+cx+d$는 $x=-1, 1$에서 각각 극댓값 1과 극솟값 2를 가지므로,

$$f(-1)=-a+b-c+d=1 \quad \cdots ①$$
$$f(1)=a+b+c+d=2 \quad \cdots ②$$

$f(x)$의 도함수 $f'(x)=3ax^2+2bx+c$에서 $x=-1$, 1에서 극값 0을 가지므로,

$$f'(-1)=3a-2b+c=0 \qquad \cdots ③$$
$$f'(1)=3a+2b+c=0 \qquad \cdots ④$$

①의 식$+$②의 식은 $b+d=\dfrac{3}{2}$이 된다. ③의 식$-$④의 식은 $-4b=0$에서 $b=0$이다. 따라서 $b+d=\dfrac{3}{2}$, $d=\dfrac{3}{2}$. ①의 식에 $b=0$, $d=\dfrac{3}{2}$을 대입하면 $a+c=\dfrac{1}{2}$, ③의 식에 $b=0$을 대입하면 $3a+c=0$이며 이를 연립방정식으로 풀면, $a=-\dfrac{1}{4}$, $c=\dfrac{3}{4}$이다.

답 $a=-\dfrac{1}{4}$, $b=0$, $c=\dfrac{3}{4}$, $d=\dfrac{3}{2}$

문제3 $f(x)=ax^3+bx^2+cx+d$인 함수가 다음의 두 조건을 만족할 때 $f(x)$를 구하여라.

i. $x=1$에서 극댓값 1을 가진다.

ii. $f(x)$는 원점을 지나고 그때의 기울기는 1이다.

풀이 $x=1$에서 극댓값 1을 가진다면 $f(1)=a+b+c+d=1$ $\cdots$①
도함수 $f'(x)=3ax^2+2bx+c$이고 $x=1$에서 극댓값을 가지

므로 $f'(1)=3a+2b+c=0$ $\cdots$②

$f(x)$가 원점을 지나므로 $f(0)=d=0$이 되어 $d=0$이다. 조건 ⅱ에서 $f'(0)=1$이므로 $f'(0)=c=1$이 되어 $c=1$이다.

①의 식과 ②의 식에 $c=1$, $d=0$을 대입하면 ①의 식은 $a=-b$, ②의 식은 $3a+2b=-1$이다. 두 식을 연립방정식으로 풀면 $a=-1$, $b=1$

따라서 $f(x)=-x^3+x^2+x$

답 $\quad f(x)=-x^3+x^2+x$

극값의 그래프

극댓값과 극솟값 그래프를 그려볼 때는 증감표에 x, $f'(x)$, $f(x)$를 써넣는다. 그래프를 그리는 순서는 첫째, 미분하여 극솟점과 극댓점을 찾는다. 도함수의 그래프는 양(+)과 음(-)의 부호 변화가 중요하기 때문에 이것을 먼저 구하는 것이다. 둘째, 정의역의 양 끝점을 조사해본다. 다항함수의 미분은 그래프의 개형 파악이 되면 적당한 수를 넣어서 극점의 변화를 알 수도 있다. 그러나 초월함수는 적당한 수를 대입하는 것이 불가능하거나 그래프로 확인하는 번거로움이 있기 때문에 $\lim\limits_{x \to \infty} f(x)$와 $\lim\limits_{x \to -\infty} f(x)$를 확인하여 그래프를 그리는 것이 더 효과적이다. 특히 초월함수와 다항함수의 가감승제로 이루어진 복잡한 형태의 함수는 극한^{limit}의 확인이 중요하다. 이를 확인하기 위해 $f(x) = -x^3 - 2x^2 - x - 2$의 그래프를 그려 보자.

$f'(x) = -3x^2 - 4x - 1 = 0$에서 $x = -1$ 또는 $-\dfrac{1}{3}$ 이다.

x	$-\infty$	$\cdots$	-1	$\cdots$	$-\dfrac{1}{3}$	$\cdots$	∞
$f'(x)$		$-$	0	$+$	0	$-$	
$f(x)$	∞	$\searrow$	-2	$\nearrow$	$-\dfrac{50}{27}$	$\searrow$	$-\infty$

$f(-1) = -2$, $f\left(-\dfrac{1}{3}\right) = -\dfrac{50}{27}$ 이고, 증감표를 보고 그래프를 그릴 수 있다.

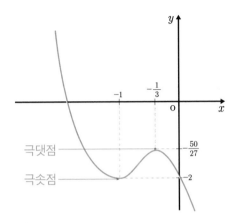

$f(x)=\dfrac{x}{e^x}$ 의 그래프를 그려보자. 우선 $f'(x)=\dfrac{e^x-xe^x}{e^{2x}}=\dfrac{1-x}{e^x}$

$=0$ 여기서 $x=1$이다. 증감표를 그려보면 다음과 같다.

x	$-\infty$	$\cdots$	1	$\cdots$	∞
$f'(x)$		$+$	0	$-$	
$f(x)$	$-\infty$	$\nearrow$	$\dfrac{1}{e}$	$\searrow$	0에 수렴

$\displaystyle\lim_{x\to\infty}f(x)=\lim_{x\to\infty}\dfrac{x}{e^x}=0$, $\displaystyle\lim_{x\to-\infty}\dfrac{x}{e^x}=-\infty$, 원점을 지나는 것도 그

래프에 나타낸다.

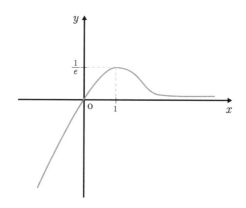

$x=1$일 때 극댓값 $\dfrac{1}{e}$ 을 가진다.

이번에는 $f(x)=\dfrac{x^2}{e^x}$ 의 그래프를 그려보자.

$$f'(x)=\frac{2xe^x-x^2e^x}{e^{2x}}=\frac{e^x x(2-x)}{e^{2x}}=\frac{x(2-x)}{e^x}=0$$ 에서 $x=0$

또는 2이다.

x	$-\infty$	$\cdots$	0	$\cdots$	2	$\cdots$	∞
$f'(x)$		$-$	0	$+$	0	$-$	
$f(x)$	∞	$\searrow$	0	$\nearrow$	$\dfrac{4}{e^2}$	$\searrow$	0에 수렴

$f(x)$는 $x=0$에서 극솟값 0을 가지고, $x=2$에서 극댓값 $\dfrac{4}{e^2}$ 를 가진다. $\displaystyle\lim_{x\to\infty}\dfrac{x^2}{e^x}=0$, $\displaystyle\lim_{x\to-\infty}\dfrac{x^2}{e^x}=\infty$ 이다. 그래프는 다음과 같다.

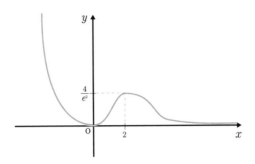

변곡점

변곡점은 미분을 두 번 했을 때 $f''(x)$의 어떤 점 $x=a$에서 변화가 없는 점, 즉 $f''(x)=0$인 점이다. 이는 극댓점과 극솟점 사이에 있는 점으로, 곡선의 볼록과 오목을 연결하는 전환점이다.

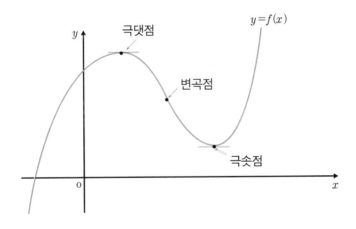

위의 그래프처럼 변곡점을 중심으로 극댓점은 위로 볼록이고

극솟점은 아래로 볼록이다.

변곡점은 극댓값과 극솟값의 검산에 필요한데 다음의 예제를 통해 확인해보자.

$f(x)=x^5-5x^4+1$의 극점과 변곡점을 구하여라.

$f'(x)=5x^4-20x^3=5x^3(x-4)=0$에서 극댓점은 $x=0$, 극솟점은 $x=4$일 때이다. 변곡점은 두 번 미분하여 $f''(x)=20x^3-60x^2=20x^2(x-3)=0$에서 $x=0$ 또는 $x=3$이 대상이다. 그러나 $x=0$에서 극댓값이므로 변곡점이 될 수 없기 때문에 $x=3$이 되는 점이 변곡점이다. 증감표와 그래프는 다음과 같다.

x	$-\infty$	$\cdots$	0	$\cdots$	3	$\cdots$	4	$\cdots$	∞
$f'(x)$		$+$	0	$-$	-135	$-$	0	$+$	
$f''(x)$		$-$	0	$-$	0	$+$	320	$+$	
$f(x)$	$-\infty$	$\nearrow$	1	$\searrow$	-161	$\searrow$	-255	$\nearrow$	∞

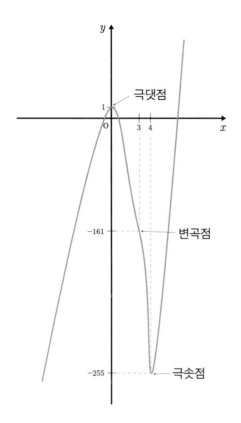

문제1 $x>0$인 범위에서 함수 $f(x)=e^x\cos x$가 극댓값일 때 x값을 작은 것부터 차례로 x_1, x_2, x_3, …으로 하면 $\dfrac{x_{10}}{x_9}=\dfrac{n}{m}$ 이다. 이때 $m+n$의 값은? 단 m, n은 서로소인 자연수이다.

풀이 $f'(x)=e^x\cos x-e^x\sin x=0$을 만족하는 $x=\dfrac{\pi}{4}$, $\dfrac{5\pi}{4}$, $\dfrac{9\pi}{4}$, $\dfrac{13\pi}{4}$, …이며, 극댓값, 극솟값, 극댓값, 극솟값…순으로 순환한다. 그림은 다음과 같다.

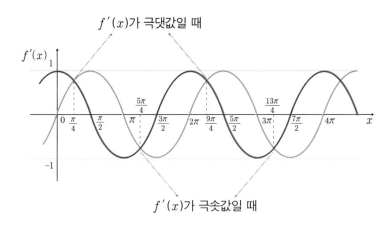

$f'(x)$가 극댓값일 때

$f'(x)$가 극솟값일 때

위의 그래프에서 극댓값일 때의 x값은 $\dfrac{\pi}{4}$, $\dfrac{9\pi}{4}$, $\dfrac{17\pi}{4}$, …가 된다. $x_n=\dfrac{\pi}{4}+2(n-1)\pi$이므로 $x_9=\dfrac{65\pi}{4}$, $x_{10}=\dfrac{73\pi}{4}$이다.

$\dfrac{x_{10}}{x_9}=\dfrac{\dfrac{73\pi}{4}}{\dfrac{65\pi}{4}}=\dfrac{73}{65}=\dfrac{n}{m}$, m과 n은 서로소이므로 성립한다.

$$\therefore \ m+n=65+73=138$$

답 138

문제 2 함수 $f(x)=\ln x+\dfrac{a}{x}-x$가 극댓값과 극솟값을 모두 갖도록 하는 상수 a값의 범위는?

풀이 $f'(x)=\dfrac{1}{x}-\dfrac{a}{x^2}-1=0$에서 $\dfrac{-x^2+x-a}{x^2}=0$이므로

$-x^2+x-a=0$에서 $D>0$이면 극댓값과 극솟값을 가진다.

$D=1^2-4a>0, \ \ \therefore \ a<\dfrac{1}{4}$

답 $a<\dfrac{1}{4}$

문제 3 $f(x)=x\ln x-x$의 극값을 조사하여라.

풀이 $f'(x)=\ln x=0$을 만족하는 $x=1$이다. 증감표를 나타내면 다음과 같다.

x	(0)	$\cdots$	1	$\cdots$	∞
$f'(x)$		$-$	0	$+$	
$f(x)$	(0)	$\searrow$	-1	$\nearrow$	∞

$$\lim_{x \to \infty} x \ln x - x = \infty, \quad \lim_{x \to +0} x \ln x - x = \lim_{x \to +0} x(\ln x - 1) = 0,$$

그래프는 다음과 같다.

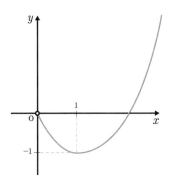

여기서 $x<0$일 때는 $f(x)=x\ln x-x$에서 자연로그의 진수 $x>0$이므로 고려하지 않는 것을 기억하고 그래프를 그려야 한다. 증감표에도 $x<0$의 증감은 기재할 필요가 없다. 따라서 극댓값은 없고 극솟값은 $x=1$일 때 -1이다.

답 극댓값은 없고, 극솟값 -1을 가진다.

문제4 $f(x)=x\ln \dfrac{1}{x}+1-x$의 극값을 구하여라.

풀이 $f'(x)=-\ln x-2=0$을 만족하는 $x=\dfrac{1}{e^2}$, $f\left(\dfrac{1}{e^2}\right)=\dfrac{1}{e^2}+1$

증감표를 그리면 다음과 같다.

x	(0)	$\cdots$	$\dfrac{1}{e^2}$	$\cdots$	∞
$f'(x)$		$+$	0	$-$	
$f(x)$	(1)	$\nearrow$	$\dfrac{1}{e^2}+1$	$\searrow$	$-\infty$

그래프를 그리면 다음과 같다.

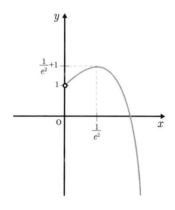

극솟값은 없고, $x=\dfrac{1}{e^2}$ 일 때 극댓값 $\dfrac{1}{e^2}+1$을 갖는다.

답 극댓값 $\dfrac{1}{e^2}+1$

문제 5 $f(x)=x+\dfrac{4}{x-1}$ 의 감소하는 구간을 구하여라.

풀이 $f'(x)=1-\dfrac{4}{(x-1)^2}=\dfrac{(x-3)(x+1)}{(x-1)^2}$, 여기서 분모는 0이

될 수 없으므로 $x=1$은 점근선임을 알 수 있다. 증감표는 다음과 같다.

x	$-\infty$	$\cdots$	-1	$\cdots$	1	$\cdots$	3	$\cdots$	∞
$f'(x)$		$+$	0	$-$		$-$	0	$+$	
$f(x)$	$-\infty$	↗	-3	↘		↘	5	↗	∞

그래프를 그리면 다음과 같다.

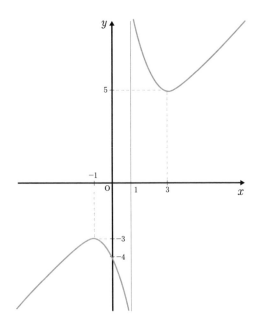

감소하는 구간은 $-1 < x < 1$ 또는 $1 < x < 3$이고 증가하는 구간은 $x < -1$ 또는 $x > 3$이다.

답 $-1 < x < 1$ 또는 $1 < x < 3$

문제 **6** $f(x) = x^3 - 4x^2 + 4x$에서 $f(|x|)$와 $|f(x)|$의 극댓점과 극솟점의 개수를 비교하여라.

풀이 $f'(x) = 3x^2 - 8x + 4 = 0$을 만족하는 $x = \dfrac{2}{3}$ 또는 2이며, 증감표는 다음과 같다.

x	$-\infty$	$\cdots$	$\dfrac{2}{3}$	$\cdots$	2	$\cdots$	∞
$f'(x)$		$+$	0	$-$	0	$+$	
$f(x)$	$-\infty$	$\nearrow$	$\dfrac{32}{27}$	$\searrow$	0	$\nearrow$	∞

$f(x)$의 그래프는 다음과 같다.

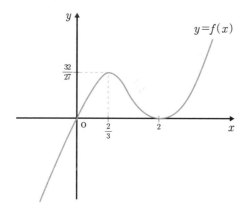

$y=f(x)$의 그래프는 극댓점이 1개, 극솟점이 1개이다.

$f(|x|)$는 $y=f(x)$의 그래프를 그린 후 $x \geq 0$인 부분은 그대로 두고, $x<0$인 부분은 $x \geq 0$인 부분을 y축에 대하여 대칭이동해 그린다. 이때 극댓점은 2개, 극솟점은 3개이다.

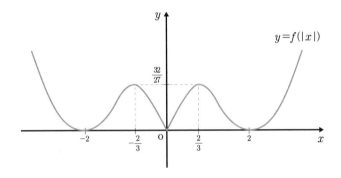

$|f(x)|$는 $y=f(x)$의 그래프를 그린 후 $y \geq 0$인 부분은 그대로 두고, $y<0$인 부분을 x축에 대하여 대칭이동해 그린다.

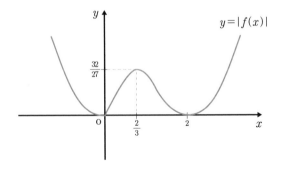

이때 극댓점은 1개, 극솟점은 2개이다.

답 $f(|x|)$는 극댓점은 2개, 극솟점은 3개이고, $|f(x)|$의 극댓점은 1개, 극솟점은 2개이다. 따라서 $f(|x|)$와 $|f(x)|$의 극댓점과 극솟점의 개수는 다르다.

테일러정리

테일러정리$^{\text{Taylor's theorem}}$는 초월함수를 다항함수의 형태로 바꾸어 계산하는 것이다. 함수 $f(x)$와 $f'(x)$, $f''(x)$, $\cdots$, $f^{(n+1)}(x)$가 열린 구간 $(a-r,\ a+r)$, $r>0$에서 연속이면 모든 $x \in (a-r,\ a+r)$에 대해 다음의 식이 성립한다.

$$f(x)=\sum_{k=0}^{n} \frac{f^{(k)}(a)}{k!}(x-a)^k+R_{n+1}(x)$$

여기서 $R_{n+1}(x)=\dfrac{f^{(n+1)}(c_{n+1})}{(n+1)!}(x-a)^{n+1}$이며 나머지항이라 부른다.(단, c_{n+1}은 a와 b 사이의 적당한 수이다.)

테일러급수와 매클로린급수

테일러정리에서 무한번의 미분을 하게 되면 나머지항인 $R_{n+1}(x)$가 제거되면서 $f(x)=\sum_{k=0}^{n} \dfrac{f^{(k)}(a)}{k!}(x-a)^k$의 식으로 전개되는 것을 테일러급수$^{\text{Taylor series}}$라 한다.

예를 들어 $\sin x$를 다항식의 전개로 나타내면,

$\sin x=a_0+a_1x+a_2x^2+a_3x^3+a_4x^4+a_5x^5+a_6x^6+a_7x^7+\cdots$

$(-\infty<x<\infty)$가 된다.

테일러급수에 $x=0$을 대입하여 나타낸 급수를 매클로린급수

$\sin x = a_0 + a_1 x + a_2 x^2 + a_3 x^3 + a_4 x^4 + a_5 x^5 + a_6 x^6 + a_7 x^7 + \cdots$의 양변
에 $x=0$을 대입하면 $a_0 = 0$이다.

한 번 미분하면,

$\cos x = a_1 + 2a_2 x + 3a_3 x^2 + 4a_4 x^3 + 5a_5 x^4 + 6a_6 x^5 + 7a_7 x^6 + \cdots$

양변에 $x=0$을 대입하면

$\qquad a_1 = 1$

두 번 미분하면,

$-\sin x = 2a_2 + 6a_3 x + 12a_4 x^2 + 20a_5 x^3 + 30a_6 x^4 + 42a_7 x^5 + \cdots$

양변에 $x=0$을 대입하면

$\qquad a_2 = 0$

세 번 미분하면,

$-\cos x = 6a_3 + 24a_4 x + 60a_5 x^2 + 120a_6 x^3 + 210a_7 x^4 + \cdots$

양변에 $x=0$을 대입하면

$\qquad a_3 = -\dfrac{1}{6} = -\dfrac{1}{3!}$

네 번 미분하면,

$\sin x = 24a_4 + 120a_5 x + 360a_6 x^2 + 840a_7 x^3 + \cdots$

양변에 $x=0$을 대입하면

$\qquad a_4 = 0$

다섯 번 미분하면,

$\cos x = 120a_5 + 720a_6 x + 2520a_7 x^2 + \cdots$

양변에 $x=0$을 대입하면

$\qquad a_5 = \dfrac{1}{120} = \dfrac{1}{5!}$

여섯 번 미분하면,

$$-\sin x = 720a_6 + 5040a_7 x + \cdots$$

양변에 $x=0$을 대입하면

$$a_6 = 0$$

일곱 번 미분하면,

$$-\cos x = 5040a_7 + \cdots$$

양변에 $x=0$을 대입하면

$$a_7 = -\frac{1}{5040} = -\frac{1}{7!}$$

$$\vdots$$

$$\sin x = a_0 + a_1 x + a_2 x^2 + a_3 x^3 + a_4 x^4 + a_5 x^5 + a_6 x^6 + a_7 x^7 + \cdots$$

$$= 0 + x + 0 + \left(-\frac{1}{3!}\right)x^3 + 0 + \frac{1}{5!}x^5 + 0 + \left(-\frac{1}{7!}\right)x^7 + \cdots$$

$$= \sum_{n=0}^{\infty}(-1)^n \frac{x^{2n+1}}{(2n+1)!} \quad (-\infty < x < \infty)$$

다음은 매클로린급수를 이용해 나타낸 식이다.

$$\cos x = 1 - \frac{1}{2!}x^2 + \frac{1}{4!}x^4 - \frac{1}{6!}x^6 + \frac{1}{8!}x^8 + \cdots$$

$$= \sum_{n=0}^{\infty}(-1)^n \frac{x^{2n}}{(2n)!} \quad (-\infty < x < \infty)$$

$$e^x = 1 + x + \frac{1}{2!}x^2 + \frac{1}{3!}x^3 + \frac{1}{4!}x^4 + \cdots$$

$$= \sum_{n=0}^{\infty}\frac{x^n}{n!} \quad (-\infty < x < \infty)$$

$$\frac{1}{1-x} = \sum_{n=0}^{\infty}x^n \quad (-1 < x < 1)$$

$$\ln(1+x) = x - \frac{1}{2}x^2 + \frac{1}{3}x^3 - \frac{1}{4}x^4 + \cdots$$

$$= \sum_{n=1}^{\infty} (-1)^{n-1} \frac{x^n}{n} \qquad (-1 < x \le 1)$$

$$(1+x)^\alpha = \sum_{n=0}^{\infty} \frac{\alpha(\alpha-1)(\alpha-n+1)}{n!} x^n \quad (-1 < x < 1)$$

로피탈의 정리

로피탈의 정리$^{\text{L'Hospital Theorem}}$는 $x=a$를 포함하는 구간에서 미분이 가능한 함수 $f(x)$, $g(x)$에 대해 $\frac{g(a)}{f(a)} = \frac{\infty}{\infty}$ 또는 $\frac{0}{0}$ 이면 $\lim_{x \to a} \frac{g(x)}{f(x)} = \lim_{x \to a} \frac{g'(x)}{f'(x)}$ 가 성립하는 정리이다. 즉 $\frac{\infty}{\infty}$ 또는 $\frac{0}{0}$ 형태를 각각 분모, 분자를 미분하여 극한값을 구하는 것이 된다. 로피탈의 정리를 이용하면 극한값을 구하기 위해 분모, 분자를 여러 번 미분하는 것도 가능하다.

$\frac{0}{0}$ 형태의 예를 살펴보자. $\lim_{x \to 1} \frac{x^3-1}{x^2-1}$ 을 보면 분모, 분자가 0임을 알 수 있다. 극한값을 구하는 방법으로 계산하면,

$$\lim_{x \to 1} \frac{x^3-1}{x^2-1} = \lim_{x \to 1} \frac{(x-1)(x^2+x+1)}{(x-1)(x+1)}$$

$$= \lim_{x \to 1} \frac{x^2+x+1}{x+1}$$

$$= \frac{3}{2}$$

이 된다. 로피탈의 정리를 이용해 이 문제를 푼다면 분모, 분자에 미분을 한번 한다.

따라서 $\lim\limits_{x \to 1} \dfrac{x^3-1}{x^2-1} = \lim\limits_{x \to 1} \dfrac{3x^2}{2x} = \dfrac{3}{2}$ 이다.

앞의 풀이방식보다 더 간단하다.

$\dfrac{\infty}{\infty}$ 형태도 풀어보자. $\lim\limits_{x \to \infty} \dfrac{4x^2+2x}{2x^2+4x}$ 를 보면 분모, 분자가 ∞임을 알 수 있다. 따라서 분모, 분자에 두 차례 미분하면,

$$\lim_{x \to \infty} \frac{4x^2+2x}{2x^2+4x} = \lim_{x \to \infty} \frac{8x+2}{4x+4}$$

$$= \lim_{x \to \infty} \frac{8}{4}$$

$$= 2$$

가 된다. 물론 극한값을 구하기 위해 분모의 최고차항 계수가 2이고, 분자의 최고차항 계수가 4이므로 2가 되기도 한다. 이는 로피탈의 정리를 이용해도 극한값이 나오는 예제인데 로피탈의 정리를 이용하면 식이 더 복잡해지고 극한값을 구하지 못하는 경우가 있다.

$\lim\limits_{n \to \infty} \dfrac{6^n+5^n+4^n-3^n}{6^n-5^n-4^n-3^n}$ 은 $\dfrac{\infty}{\infty}$ 형태인 분모, 분자가 지수함수이다. 분모, 분자를 계속 미분하면,

$$\lim_{n \to \infty} \frac{6^n+5^n+4^n-3^n}{6^n-5^n-4^n-3^n}$$

$$= \lim_{n \to \infty} \frac{6^n \ln 6 + 5^n \ln 5 + 4^n \ln 4 - 3^n \ln 3}{6^n \ln 6 - 5^n \ln 5 - 4^n \ln 4 - 3^n \ln 3}$$

$$= \lim_{n \to \infty} \frac{6^n (\ln 6)^2 + 5^n (\ln 5)^2 + 4^n (\ln 4)^2 - 3^n (\ln 3)^2}{6^n (\ln 6)^2 - 5^n (\ln 5)^2 - 4^n (\ln 4)^2 - 3^n (\ln 3)^2}$$

$$= \cdots$$

로피탈의 정리를 이용했더니 더욱 복잡한 지수함수가 되고 극한값을 구할 수 없다. 따라서 이런 문제는 분모, 분자를 6^n으로 나누어서 풀어야 한다.

$$\lim_{n \to \infty} \frac{6^n + 5^n + 4^n - 3^n}{6^n - 5^n - 4^n - 3^n} = \lim_{n \to \infty} \frac{1 + \left(\frac{5}{6}\right)^n + \left(\frac{4}{6}\right)^n - \left(\frac{3}{6}\right)^n}{1 - \left(\frac{5}{6}\right)^n - \left(\frac{4}{6}\right)^n - \left(\frac{3}{6}\right)^n} = 1$$

좀 더 익숙해질 수 있도록 다양한 문제들을 살펴보자.

$\lim\limits_{x \to 0} \dfrac{\tan 2x}{\sin 3x}$ 를 풀어보아라.

$$\lim_{x \to 0} \frac{\tan 2x}{\sin 3x} = \lim_{x \to 0} \frac{3x}{\sin 3x} \times \frac{\tan 2x}{3x}$$

$$= \lim_{x \to 0} \frac{\tan 2x}{3x}$$

$$= \lim_{x \to 0} \frac{\tan 2x}{2x} \times \frac{2x}{3x}$$

$$= \frac{2}{3}$$

로피탈의 정리로 푼다면 분모, 분자에 미분을 한 번 한다.

$\lim\limits_{x \to 0} \dfrac{\tan 2x}{\sin 3x} = \lim\limits_{x \to 0} \dfrac{2\sec^2 2x}{3\cos 3x} = \dfrac{2}{3}$ 가 된다.

$\lim\limits_{x \to 1} \dfrac{\cos \dfrac{\pi}{2} x}{1 - x^2}$ 를 풀어보아라.

우선 $x - 1 = t$로 치환하면 $x \to 1$일 때 $t \to 0$이다.

$$\lim_{x \to 1} \frac{\cos \dfrac{\pi}{2} x}{1 - x^2} = \lim_{t \to 0} \frac{\cos \left\{ \dfrac{\pi}{2}(t+1) \right\}}{1 - (t+1)^2}$$

$$= \lim_{t \to 0} \frac{-\sin \dfrac{\pi}{2} t}{-t(t+2)}$$

$$= \lim_{t \to 0} \frac{\sin \dfrac{\pi}{2} t}{\dfrac{\pi}{2} t} \times \frac{\dfrac{\pi}{2} t}{t(t+2)}$$

$$= \frac{\dfrac{\pi}{2}}{2} = \frac{\pi}{4}$$

이번에는 로피탈의 정리를 이용해보자. 치환은 하지 않고 분모와 분자를 한 번 미분한다.

$$\lim_{x \to 1} \frac{\cos \dfrac{\pi}{2} x}{1 - x^2} = \lim_{x \to 1} \frac{-\dfrac{\pi}{2} \sin \dfrac{\pi}{2} x}{-2x} = \frac{-\dfrac{\pi}{2}}{-2} = \frac{\pi}{4}$$

로피탈의 정리가 더 간단히 계산된다. 로피탈의 정리는 시간적으로 빠르게 계산이 되는 장점도 있지만 일부 극한의 진동이나 지수함수의 예와 같이 극한값을 구하려다 딜레마에 빠질 수도 있다. 따라서 무작정 로피탈의 정리를 사용해서는 안 된다.

② 최댓값과 최솟값의 미분

최댓값과 최솟값의 미분은 함수의 극값에 정의역의 범위를 정한 것이다. 다음의 그래프를 보자.

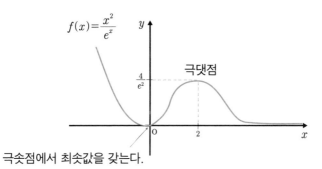

극솟점에서 최솟값을 갖는다.

$f(x)=\dfrac{x^2}{e^x}$ 그래프에서 극댓값과 극솟값은 하나씩 있다. 정의역 x에 대하여 $[-\infty, \infty]$의 범위에서는 극솟값이 가장 낮은 값인 최솟값이다. 원점일 때가 가장 낮은 값이 되는 것이다. 최댓값은 없다. 무한대로 가기 때문이다.

또 닫힌 구간 $[a, b]$를 정하면 최댓값과 최솟값을 구할 수 있다. 아래의 그래프는 최댓값과 최솟값을 나타낸 것이다.

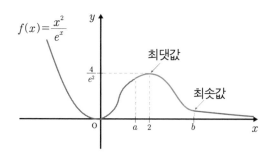

색칠한 구간의 곡선은 닫힌 구간 $[a, b]$에서 최댓값과 최솟값을 나타낸 것이다. 이처럼 닫힌 구간 $[a, b]$에서는 최댓값과 최솟값을 구할 수 있다.

$f(x) = \dfrac{x}{e^x}$ 의 그래프를 보자.

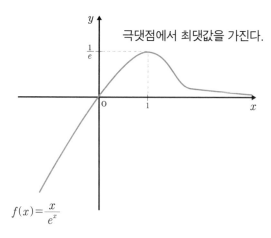

극솟값은 없으며 극댓값은 있다. 그리고 이것이 곧 최댓값이 된

다. 닫힌 구간 $[a, b]$의 범위가 주어지면 다음과 같이 나타낸다.

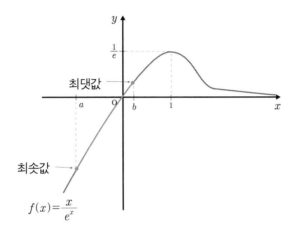

$$f(x) = \frac{x}{e^x}$$

닫힌 구간 $[a, b]$의 범위가 주어지면 극댓값이 최댓값이 되는 것이 아니라 색칠한 구간의 가장 위에 위치한 $x=b$인 점이 최댓값임을 알 수 있다. 그리고 최솟값도 $x=a$이다.

최대 · 최소 정리

함수의 최댓값과 최솟값을 알기 위한 정리는 볼차노─바이어슈트라스 정리$^{\text{Bolzano-Weierstrass theorem}}$라고도 불리운다. 함수 $f(x)$가 닫힌 구간 $[a, b]$에서 연속이면 $f(x)$는 닫힌 구간 $[a, b]$에서 반드시 최댓값과 최솟값을 가진다. 이를 그래프로 일반화하면 다음과 같이 나타낼 수 있다.

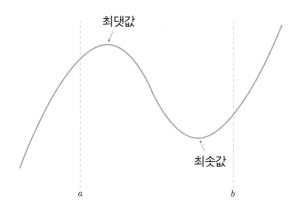

최댓값

최솟값

a b

수에 관한 최댓값과 최솟값에 관한 문제

수에 관한 최댓값과 최솟값에 관한 문제는 실수의 범위에서 제한범위를 놓고 질문하는 경우가 많다. x, y에 관한 함수가 제한범위이면 x에 관한 식으로 통일한 후 미분해서 최댓값 또는 최솟값을 구하는 것이다.

양수 x, y에서 $xy = 12$일 때 $x + y$의 최솟값을 구하는 문제가 있다고 하자.

$xy = 12$에서 $y = \dfrac{12}{x}$ 이므로 $x + y = x + \dfrac{12}{x}$ 이다. $f(x) = x + \dfrac{12}{x}$ 로 하면, $f'(x) = 1 - \dfrac{12}{x^2} = 0$에서 $x = \pm 2\sqrt{3}$ 이다. x는 양수이므로 $x = 2\sqrt{3}$ 이며 $y = 2\sqrt{3}$ 이다. 증감표와 그래프는 다음과 같다.

x	0	$\cdots$	$2\sqrt{3}$	$\cdots$	∞
$f'(x)$		$-$	0	$+$	
$f(x)$	∞	$\searrow$	$4\sqrt{3}$	$\nearrow$	∞

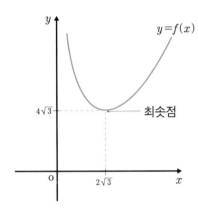

따라서 $x+y=2\sqrt{3}+2\sqrt{3}=4\sqrt{3}$ 이 최솟값이 된다.

초월함수의 최댓값과 최솟값에 관한 문제

　초월함수 중 삼각함수의 최댓값과 최솟값에 관한 문제를 다룰 때는 사인 또는 코사인을 t로 치환한다. 그리고 사인과 코사인으로 이루어진 함수를 사인 또는 코사인으로 통일한 후 미분을 통해 극점을 알아낸 후 제한범위에서 문제를 풀면 된다.

　$y=\sin^2 x+2\cos^2 x-3\sin x+1$에서 최댓값과 최솟값을 구해 보자.

$\sin x = t$로 치환하면 $f(t) = t^2 + 2(1-t^2) - 3t + 1 = -t^2 - 3t + 3$,
$f'(t) = -2t - 3 = 0$에서 $t = -\dfrac{3}{2}$ 이다. $f''(t) = -2 < 0$이므로
$t = -\dfrac{3}{2}$ 일 때 극댓값이 된다.

따라서 $f\left(-\dfrac{3}{2}\right) = -\left(-\dfrac{3}{2}\right)^2 - 3 \times \left(-\dfrac{3}{2}\right) + 3 = \dfrac{21}{4}$ 이다. 그래프는
다음과 같다.

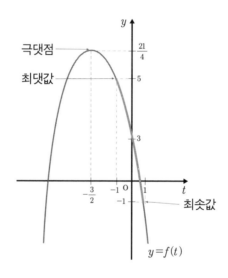

$-1 \leq \sin x \leq 1$이므로 $-1 \leq t \leq 1$이 되므로 최댓값과 최솟값을 결정하는 정의역이 생긴다. 이때 $f(-1) = 5$가 최댓값을, $f(1) = -1$이 최솟값을 가진다. 이 문제는 직접 증감표를 그리지 않고도 y를 한번 미분하여 극점을 알아내고 두 번 미분하여 위로 볼록인지 아래로 볼록인지를 알아낸 후 그래프를 그려 정의역을 고려함으로써 최댓값과 최솟값을 알 수 있다. 이는 t에 관한 이차

식이어서 가능하다.

닫힌 구간 $[0, 2\pi]$에서 함수 $f(x)=\sin^3 x-2\cos^2 x$의 최댓값과 최솟값을 구해보자.

이와 같은 삼각함수의 최댓값과 최솟값을 구하려면 먼저 $\sin x=t$로 치환한다. 따라서 $f(t)=t^3+2t^2-2$이다. 닫힌 구간 $[0, 2\pi]$에서 $-1\le\sin x\le1$이므로 $-1\le t\le1$이다.

$f'(t)=3t^2+4t=0$에서 $t=-\dfrac{4}{3}$ 또는 0이다. $-1\le t\le1$이므로 $t=1$일 때 최댓값 1, $t=0$일 때 최솟값 -2를 갖는다.

계속해서 $f(x)=\dfrac{\ln x}{x^2}$의 최댓값을 구해보자.

이 문제에서는 가장 먼저 자연로그 $\ln x$가 $x>0$인 것을 고려한다면 $x\le0$인 범위는 제외하게 된다. 문제에서 주어지지 않으면 로그 또는 자연로그에서 이 조건을 항상 기억해야 한다.

$f'(x)=\dfrac{\dfrac{1}{x}\times x^2-\ln x\times 2x}{x^4}=\dfrac{1-2\ln x}{x^3}=0$, $x>0$이므로 분모 $x^3>0$이다. 분자 $1-2\ln x=0$은 $y=2\ln x$와 $y=1$로 나누어서 생각해볼 수도 있다.

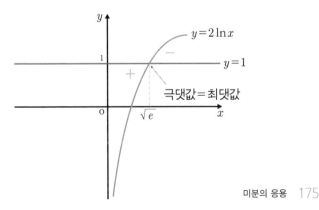

이것은 $1-2\ln x$에서 양$(+)$에서 음$(-)$으로 변하는 것으로, 극댓점임을 나타낸다. 증감표 작성 전에 활용하면 극값의 변화를 알 수 있는데 그래프의 개형이 아니라 극값의 변화를 나타낸 것임을 주의해야 한다. 증감표를 작성하면,

x	0	$\cdots$	$\sqrt{e}$	$\cdots$	∞
$f'(x)$		$+$	0	$-$	
$f(x)$	$-\infty$	↗	$\dfrac{1}{2e}$	↘	0에 수렴

극댓값이 최댓값이 되며 $\ln x = \dfrac{1}{2}$, $x = \sqrt{e}$, 최댓값은 $\dfrac{1}{2e}$ 이다. 최솟값은 없다.

$-\dfrac{\pi}{2} < x < \dfrac{\pi}{2}$, $f(x) = \dfrac{e^x}{\cos x}$ 의 최솟값을 구한다면,

$$f'(x) = \frac{e^x \cos x + e^x \sin x}{\cos^2 x} = \frac{e^x(\cos x + \sin x)}{\cos^2 x} = 0 \text{에서}$$

$\cos x + \sin x = 0$일 때 극점을 찾을 수 있다.

$\sin x + \cos x$를 삼각함수의 합성으로 나타내면,

$$\sqrt{2}\left(\frac{1}{\sqrt{2}}\cos x + \frac{1}{\sqrt{2}}\sin x\right)$$
$$= \sqrt{2}\left(\sin\frac{\pi}{4}\cos x + \cos\frac{\pi}{4}\sin x\right)$$
$$= \sqrt{2}\sin\left(x + \frac{\pi}{4}\right)$$
$$= 0$$

그래프로 나타내면 다음과 같다.

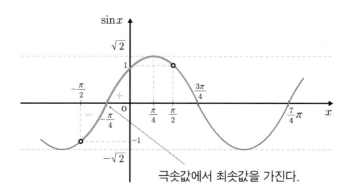

극솟값에서 최솟값을 가진다.

$x = -\dfrac{\pi}{4}$에서 음($-$)에서 양($+$)으로 변하므로 극솟값을 가진다.

$-\dfrac{\pi}{2} < x < \dfrac{\pi}{2}$이므로 최솟값이다.

따라서 $f\left(-\dfrac{\pi}{4}\right) = \dfrac{e^{-\frac{\pi}{4}}}{\cos\left(-\dfrac{\pi}{4}\right)} = \dfrac{e^{-\frac{\pi}{4}}}{\dfrac{\sqrt{2}}{2}} = \dfrac{\sqrt{2}}{e^{\frac{\pi}{4}}}$ 이다.

최댓값은 없다.

$x > 0$일 때 $y = x^x$의 최솟값을 구하는 문제가 나왔을 때는 어떻게 해결할까? y와 x^x를 진수로 하고 양변에 자연로그를 놓으면,

$$\ln y = x \ln x$$

$$\dfrac{y'}{y} = \ln x + 1$$

양변을 미분하면

양변에 y를 곱하면

$$y' = y(\ln x + 1) = x^x(\ln x + 1) = 0$$

여기서 $x>0$이므로 $x^x>0$이 된다. $\ln x+1=0$을 만족하는 $x=\dfrac{1}{e}$이다. 여기서 $\ln x+1$을 그래프로 그려보면 다음과 같다.

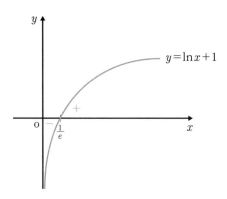

$y=\ln x+1$은 $x=\dfrac{1}{e}$에서 극솟값을 가지는 것을 알 수 있으며, 최솟값이 된다. 따라서 $x=\dfrac{1}{e}$일 때 최솟값 $\left(\dfrac{1}{e}\right)^{\frac{1}{e}}$을 가진다.

도형의 길이와 넓이에 관한 최댓값과 최솟값에 관한 문제

도형은 가로의 길이와 세로의 길이에 관한 식을 세워서 그 식에 관한 문제를 풀면 된다. 따라서 미지수의 설정이 아주 중요하다. 이런 문제는 좌표 설정을 통해 그림을 그린 후 식을 세운다. 도형에 관한 문제일 때는 기본성질을 이미 알고 있는 상황에서 응용을 하게 되는데 직각삼각형이 나오면 피타고라스의 정리, 삼각비를 떠올린다. 사인, 코사인 법칙을 고려하여 닮음이면 비례식을 떠올리면 된다.

원에 관한 문제가 나오면 접선과 내접, 외접, 부채꼴, 원주각 등을 살펴보고 미지수의 설정과 좌표 설정을 동시에 고려한다. 하지만 무엇보다도 정확한 그림과 그래프로 시작하는 것이 중요하다.

철사로 울타리를 만드는 문제를 풀어보자.

담장 앞에 200m 짜리 철사를 사용하여 울타리를 쳐서 그 넓이를 최대로 할 예정이다. 이 울타리의 넓이를 구하여라.

철사의 길이가 200m이므로 철사를 ⌐⌐자 형으로 구부리면

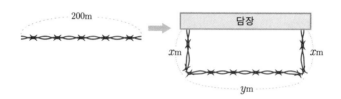

철사의 길이를 $2x+y=200$으로 놓을 수 있다. $y=-2x+200$이며, 넓이는 xy이다.

넓이 $xy=x(-2x+200)=-2x^2+200x$

$f(x)=-2x^2+200x$로 하면 $f'(x)=-4x+200=0$에서 $x=50$이며, $f''(x)=-4$이므로 최댓값이 $x=50$이 되며 최솟값은 없다. 넓이는 $x=50$을 대입한 5000m^2이다.

점 $(2, 3)$을 지나는 일차함수의 그래프가 있다. 기울기는 음수이며 일차함수와 x축, y축이 만나는 점을 원점부터 밑변의 길이,

높이로 할 때 넓이의 최솟값을 구하여라.

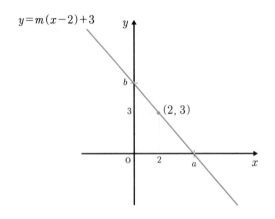

x절편을 a, y절편을 b로 하면 직각삼각형의 넓이 $S = \dfrac{1}{2}ab$가 된다. 일차함수의 기울기를 m으로 했을 때, 점 $(2, 3)$을 지나므로 $y=m(x-2)+3$이다. 여기서 x절편인 a는 $x=a$, $y=0$을 대입하여 풀면 $0=m(a-2)+3$에서 $a=2-\dfrac{3}{m}$, 마찬가지로 y절편인 b는 $x=0$, $y=b$를 대입하여 풀면 $b=m(0-2)+3$에서 $b=-2m+3$이 된다.

따라서 $S=\dfrac{1}{2}ab=\dfrac{1}{2}\left(2-\dfrac{3}{m}\right)(-2m+3)$이다.

$S'=-2+\dfrac{9}{2m^2}=0$, $m=\pm\dfrac{3}{2}$인데, 기울기 $m<0$이므로 $m=-\dfrac{3}{2}$이다. $S''=-\dfrac{9}{m^3}>0$이므로 극솟값이며 정의역의 범위가 실수의 범위므로 최솟값인 것을 알 수 있다.

$$S = \frac{1}{2}\left(2 - \frac{3}{m}\right)(-2m + 3)$$

$$= \frac{1}{2}\left(2 - \frac{3}{-\frac{3}{2}}\right)\left(-2\left(-\frac{3}{2}\right) + 3\right)$$

$$= \frac{1}{2}(2 + 2)(3 + 3)$$

$$= 12$$

따라서 $a = 4$, $b = 6$일 때 넓이의 최솟값은 12이다.

$y = -x^2 + 8$에 접하는 직사각형이 있다고 하자. 이 직사각형 넓이의 최댓값을 구해보자.

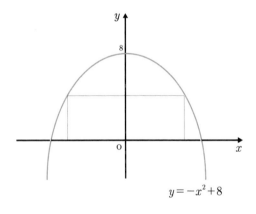

$y = -x^2 + 8$에 접하는 직사각형 넓이의 최댓값을 구하려면 가로의 길이를 미지수로 정해야 한다.

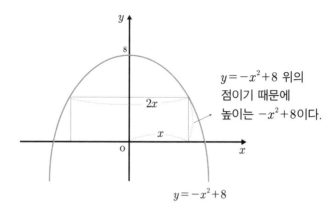

$y = -x^2 + 8$ 위의
점이기 때문에
높이는 $-x^2+8$이다.

$y = -x^2 + 8$

가로의 길이는 위의 그래프처럼 좌우대칭인 함수의 곡선에서 알 수 있다. 높이는 x에 관한 식 $-x^2+8$로 나타낸다. 따라서 직사각형의 넓이 $S = 2x(-x^2+8) = -2x^3+16x$이다.

직사각형의 넓이의 최댓값을 알기 위해서는 $S' = -6x^2+16 = 0$에서 $x = \pm\dfrac{2\sqrt{6}}{3}$ 에서 길이 $x > 0$이므로 $x = \dfrac{2\sqrt{6}}{3}$ 이다. 따라서 넓이의 최댓값은,

$$2x(-x^2+8) = 2 \times \frac{2\sqrt{6}}{3} \times \left\{ -\left(\frac{2\sqrt{6}}{3}\right)^2 + 8 \right\}$$
$$= \frac{64\sqrt{6}}{9}$$

이번에는 타원에 접한 직사각형의 넓이를 구해보자.

$\dfrac{x^2}{4} + \dfrac{y^2}{9} = 1$에 접하는 직사각형을 보자.

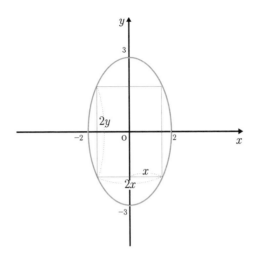

직사각형 가로의 길이를 $2x$, 세로의 길이를 $2y$로 하면 넓이 $S=4xy$ 이다. $\dfrac{x^2}{4}+\dfrac{y^2}{9}=1$ 을 y에 관하여 정리하면 $y=\dfrac{3\sqrt{4-x^2}}{2}$, 넓이 $S=4xy=6x\sqrt{4-x^2}$ 이다.

$$S'=6\sqrt{4-x^2}-\dfrac{6x^2}{\sqrt{4-x^2}}=0 \text{에서 } x=\pm\sqrt{2},\ x>0\text{이므로 }\sqrt{2},$$
즉 $y=\dfrac{3\sqrt{2}}{2}$ 이다.

따라서 넓이 S의 최댓값은 $4\times\sqrt{2}\times\dfrac{3\sqrt{2}}{2}=12$

다음 원 안에 이등변삼각형이 내접해 있다. 원의 반지름의 길이는 a이다. 이때 이등변삼각형의 꼭지각 θ의 크기를 구하여라.

이 문제 역시 그림을 우선 그려본다.

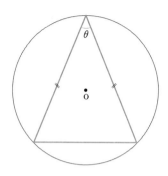

이러한 문제는 도형에서 알 수 있는 부분을 생각해보아야 한다. 이등변삼각형의 세 꼭짓점을 A, B, C로 하자. 원주각의 크기가 θ이므로 중심각의 크기는 2θ이다. 그리고 원의 중심에서 반지름을 나타내는 선분을 그으면 세 개의 삼각형으로 나누게 된다.

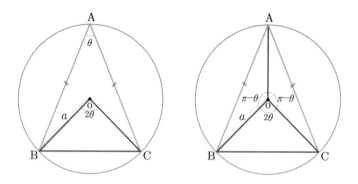

중심각이 원주각의 두배이므로 2θ이다.   세 개의 이등변삼각형으로 나누어진다.

오른쪽 그림처럼 세 개의 이등변삼각형의 넓이를 구할 수 있다.

이등변삼각형 AOB의 넓이＝이등변삼각형 AOC의 넓이＝

$$\frac{1}{2}a^2\sin(\pi-\theta)=\frac{1}{2}a^2\sin\theta,$$

이등변삼각형 BOC의 넓이 $=\frac{1}{2}a^2\sin2\theta$ 이다.

따라서 삼각형 ABC의 넓이,

$$f(\theta)=2\times\frac{a^2}{2}\sin\theta+\frac{1}{2}a^2\sin2\theta$$

$$=a^2\sin\theta+\frac{1}{2}a^2\sin2\theta$$

$$f'(\theta)=a^2\cos2\theta+a^2\cos\theta$$

$$=a^2(\cos2\theta+\cos\theta)$$

$$=a^2(2\cos^2\theta-1+\cos\theta)$$

$$=a^2\underset{\geq0}{\underline{(\cos\theta+1)}}(2\cos\theta-1)=0$$

$\cos\theta+1$ 은 0보다 크거나 같으므로 $2\cos\theta-1=0$ 이 되는 θ 를 구한다.

이에 따라 $\cos\theta=\frac{1}{2}$, $0<\theta<\pi$ 이므로 $\theta=\frac{\pi}{3}$ 이다.

삼각형의 넓이를 구하는 공식

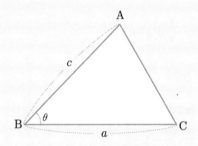

삼각형 ABC에서 양변이 a, c이고 끼인각이 $\theta < \dfrac{\pi}{2}$일 때 삼각형 ABC의 넓이$= \dfrac{1}{2}ac\sin\theta$

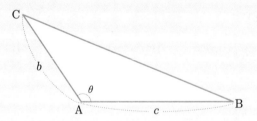

삼각형 ABC에서 양변이 b, c이고 끼인각이 $\theta > \dfrac{\pi}{2}$일 때 삼각형ABC의 넓이$= \dfrac{1}{2}bc\sin(\pi - \theta)$

거리의 최댓값과 최솟값에 관한 문제

거리의 최댓값과 최솟값에 관한 문제는 함수와 점의 거리에 관한 문제가 많다. $y=x^2$과 점 $\left(2, \dfrac{1}{2}\right)$의 거리의 최솟값을 구해보자. 우선 그림으로 나타내면 아래와 같다.

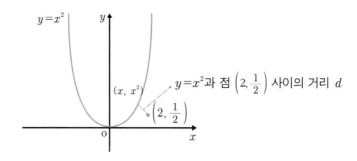

d는 $y=x^2$과 $\left(2, \dfrac{1}{2}\right)$ 사이의 거리를 나타내며, d의 최솟값을 구하면 된다.

$$d=\sqrt{(x-2)^2+\left(x^2-\dfrac{1}{2}\right)^2}=\sqrt{x^4-4x+\dfrac{17}{4}}$$ 이며 d 대신 $f(x)$로

나타내면 $f(x)=\sqrt{x^4-4x+\dfrac{17}{4}}$,

$$f'(x)=\dfrac{2x^3-2}{\sqrt{x^4-4x+\dfrac{17}{4}}}=0$$에서 $x=1$이다.

따라서 최솟값은 $x=1$일 때 $\dfrac{\sqrt{5}}{2}$ 이다.

이번에는 $y=-\dfrac{x}{x+1}$ 와 점 $(-1,\ -1)$의 거리의 최솟값을 구해

보자.

$y=-\dfrac{x}{x+1}=\dfrac{-(x+1)+1}{x+1}=\dfrac{1}{x+1}-1(x\neq1)$인 그래프를 그

려보면,

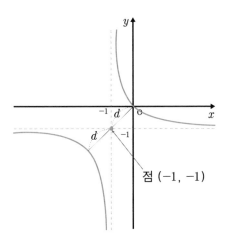

점 $(-1,-1)$과 두 개의 곡선이 이르는 거리인 최솟값 d는 두 개
가 된다.

$d=\sqrt{(x+1)^2+(y+1)^2}$ 이며, $y=\dfrac{1}{x+1}-1$을 대입하면,

$d=\sqrt{(x+1)^2+\left(\dfrac{1}{x+1}\right)^2}$, $(x+1)^2+\left(\dfrac{1}{x+1}\right)^2$을 $g(x)$로 할 때,

$g'(x)=2(x+1)-\dfrac{2}{(x+1)^3}=0$을 만족하는 수는 $x=-2$

또는 0이다.

이에 따라 $d = \sqrt{(x+1)^2 + \left(\dfrac{1}{x+1}\right)^2}$ 에 $x = -2$ 또는 0을 대입하면 $\sqrt{2}$가 최솟값이 된다.

이 문제는 한 점과 두 곡선과의 거리를 구하는 문제이며, 그래프를 그리면 점 $(-1, -1)$과 원점과의 거리가 $\sqrt{2}$인 것을 피타고라스의 정리를 통해 금방 구할 수 있다. 그런데 이런 문제는 그리 많지 않다. 그러므로 조금 더 복잡한 곡선일 때는 거리의 최솟값을 이용해 미분으로 풀어야 한다.

부피에 관한 최댓값과 최솟값에 관한 문제

부피에 관한 최댓값과 최솟값에 관한 문제에는 도형의 부피를 최대화하는 문제, 전개도를 통해 부피를 알아보는 문제 등 여러 가지가 있다. 각 뿔에는 중심각의 크기가 최대일 때 부피의 최대 문제가 많다. 미분에서 부피에 대한 최댓값과 최솟값을 구하는 이유는 경제적인 설계를 하기 위해서이다.

한 변의 길이가 50cm인 정사각형 모양의 두꺼운 마분지가 있다. 최대한 크게 직육면체 모양의 상자를 만들려고 한다. 즉 부피가 최대가 되는 상자를 만들려고 한다. 전개도를 다음과 같이 설계했을 때 부피가 최대가 되려면 높이는 몇 cm로 설계해야 할까?

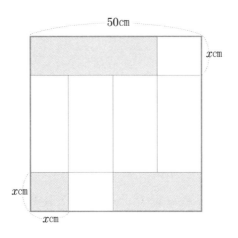

위의 그림에서 필요한 부분은 색칠이 된 세 개의 면을 뺀 여섯 개 면이다. 이에 대해 식을 세우면 다음과 같다.

$$V(x) = (25-x)(50-2x)x$$
$$= (1250 - 50x - 50x + 2x^2)x$$
$$= 2x^3 - 100x^2 + 1250x$$

$$V'(x) = 6x^2 - 200x + 1250$$
$$= 2(3x^2 - 100x + 625)$$
$$= 2(3x-25)(x-25) = 0$$

$x = \dfrac{25}{3}$ 또는 25로, 가로의 길이 $25-x > 0$, 세로의 길이 $50 - 2x > 0$, 높이 $x > 0$인 조건을 고려하면 $0 < x < 25$이므로 $x = \dfrac{25}{3}$ 이다. 증감표를 작성하면 다음과 같다.

x	0	$\cdots$	$\dfrac{25}{3}$	$\cdots$	25
$V'(x)$	+	+	0	−	0
$V(x)$	0	↗	$\dfrac{125000}{27}$	↘	0

$x = \dfrac{25}{3}$ 일 때 극댓값을 가지며 정의역이 $0 < x < 25$에서 최댓값 $\dfrac{125000}{27}$ 을 가진다. 즉 높이가 $\dfrac{25}{3}$ cm일 때 부피의 최댓값은 $\dfrac{125000}{27}$ cm^{3}이다.

이번에는 원에서 부채꼴을 잘라 부피가 최대인 직원뿔을 만들어보자. 부피가 최대가 되려면 직원뿔 밑면의 반지름이 최대가 되어야 한다.

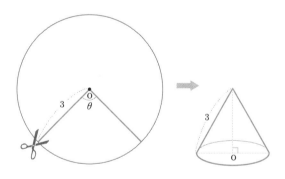

위의 그림처럼 가위로 부채꼴을 자르고 직원뿔을 만들면 원의 반지름이 직원뿔의 모선이 된다.

직원뿔의 높이를 x로 놓고 피타고라스의 정리를 이용하면 다음과 같이 나타낼 수 있다.

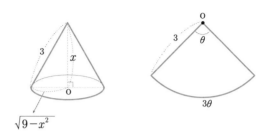

$V(x) = \dfrac{\pi \left(\sqrt{9-x^2}\right)^2 x}{3} = \dfrac{\pi(9-x^2)}{3}x$이다. 여기서 직원뿔의 반지름은 양수이므로 $\sqrt{9-x^2} > 0$, 높이 $x > 0$ $\therefore\ 0 < x < 3$.

$V'(x) = 3\pi - \pi x^2 = 0$에서 $x = \pm\sqrt{3}$인데, $0 < x < 3$이므로 $x = \sqrt{3}$일 때 극댓값을 가진다. 증감표를 작성하면 다음과 같다.

x	0	$\cdots$	$\sqrt{3}$	$\cdots$	3
$V'(x)$		$+$	0	$-$	
$V(x)$	0	$\nearrow$	$2\sqrt{3}\,\pi$	$\searrow$	0

$x = \sqrt{3}$일 때 부피의 최댓값 $2\sqrt{3}\,\pi$를 갖는 것을 알 수 있다. 따라서 직원뿔의 반지름은 $\sqrt{9-x^2} = \sqrt{9-\left(\sqrt{3}\right)^2} = \sqrt{6}$이 된다.

이번에는 옆 모서리의 길이가 4인 정사각뿔의 부피의 최댓값을 구해보자. 아래의 그림과 같이 정사각뿔의 높이를 x로 하면 밑면의 한 변의 길이는 피타고라스의 정리에 의해 $\sqrt{32-2x^2}$ 이 된다.

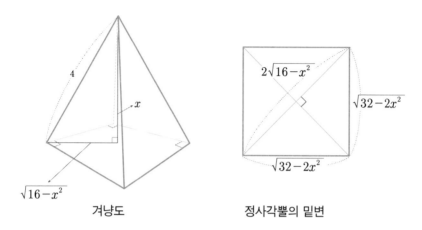

겨냥도   정사각뿔의 밑변

$$V(x)=\frac{1}{3}\left(\sqrt{32-2x^2}\,\right)\left(\sqrt{32-2x^2}\,\right)x=\frac{32}{3}\,x-\frac{2}{3}\,x^3\text{이고,}$$

$V'(x)=\dfrac{32}{3}-2x^2=0$, $x>0$이므로 $x=\dfrac{4\sqrt{3}}{3}$ 이다. 증감표를 만

들면 다음과 같다.

x	0	$\cdots$	$\dfrac{4\sqrt{3}}{3}$	$\cdots$	4
$V'(x)$		+	0	−	
$V(x)$	0	↗	$\dfrac{256\sqrt{3}}{27}$	↘	0

따라서 높이 $x=\dfrac{4\sqrt{3}}{3}$ 일 때 부피의 최댓값은 $\dfrac{256\sqrt{3}}{27}$ 이다.

문제1 원 $x^2+y^2=4$와 직선 $y=k$(단 $0<k<2$)가 서로 다른 두 점 P, Q에서 만난다. 삼각형 OPQ를 y축 둘레로 회전시켜 생기는 직원뿔 부피의 최댓값과 k를 구하여라.

풀이 원 $x^2+y^2=4$과 $y=k$를 그린다. 직선 $y=k$는 $0<k<2$이므로 그래프에 임의로 그려넣는다. 그리고, 점 P, 점 Q의 y좌표는 k로 놓고, x좌표를 원의 방정식을 이용하여 구하기 위해 다음과 같이 계산한다.

$$x^2+y^2=4$$

y의 이차항과 상수항을 우변으로 이항하면

$$x^2=4-y^2$$

양변에 제곱근을 씌우면

$$x=\pm\sqrt{4-y^2}$$

$y=k$를 대입하면

$$x=\pm\sqrt{4-k^2}$$

따라서 $\mathrm{P}(-\sqrt{4-k^2}\,,\,k)$, $\mathrm{Q}(\sqrt{4-k^2}\,,\,k)$가 된다.

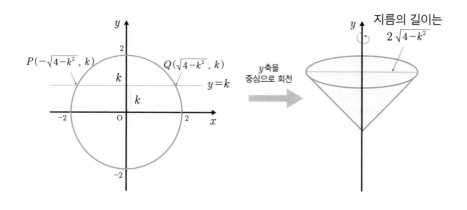

$$V = \frac{1}{3}\pi r^2 h = \frac{1}{3}\pi \left(\sqrt{4-k^2}\right)^2 k$$

$$= \frac{\pi k}{3}(4-k^2)$$

$$= \frac{4\pi}{3}k - \frac{\pi}{3}k^3$$

여기서 $V = \frac{4\pi}{3}k - \frac{\pi}{3}k^3$ 은 V 가 k 에 관한 삼차식이다. 따라서 $V(k) = \frac{4\pi}{3}k - \frac{\pi}{3}k^3$ 으로 표기하면 식을 정확히 알아볼 수 있다. 증감표와 그래프로 나타내면 다음과 같다.

k	$-\infty$	$\cdots$	$-\dfrac{2\sqrt{3}}{3}$	$\cdots$	$\dfrac{2\sqrt{3}}{3}$	$\cdots$	∞
$V'(k)$		$-$	0	$+$	0	$-$	
$V(k)$	∞	$\searrow$	$-\dfrac{16\sqrt{3}}{27}\pi$	$\nearrow$	$\dfrac{16\sqrt{3}}{27}\pi$	$\searrow$	$-\infty$

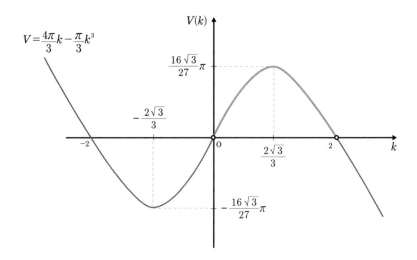

$$V'(k)=\frac{4\pi}{3}-\pi k^2=0 \text{에서 } 0<k<2 \text{이므로 } k=\frac{2\sqrt{3}}{3} \text{이다.}$$

$k=\dfrac{2\sqrt{3}}{3}$ 일 때 직원뿔의 부피의 최댓값 $V=\dfrac{16\sqrt{3}}{27}\pi$ 이다.

답 직원뿔 부피의 최댓값 $\dfrac{16\sqrt{3}}{27}\pi$, $k=\dfrac{2\sqrt{3}}{3}$

문제**2** 다음 그림은 직육면체의 겨냥도를 나타낸 것이다. 가로, 세로, 높이가 보기와 같이 주어졌을 때 겉넓이는 48이다. 직육면체 부피의 최댓값을 구하여라.

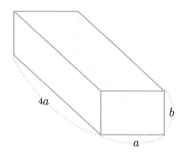

[풀이] 겉넓이 $S=2(4a \times a + ab + 4a \times b)=48$

식을 정리하면

$4a^2 + 5ab = 24$

b에 관해 식을 정리하면

$b = \dfrac{24}{5a} - \dfrac{4a}{5}$ ···①

부피 $V = a \times 4a \times b = 4a^2 b$

①의 식을 대입하면

$$V(a) = 4a^2 \left(\dfrac{24}{5a} - \dfrac{4a}{5} \right) = \dfrac{96}{5}a - \dfrac{16}{5}a^3 \ \cdots ②$$

$V'(a) = \dfrac{96}{5} - \dfrac{48}{5}a^2 = 0$에서 $a = \pm\sqrt{2}$이며 증감표는 다

음과 같다.

k	$-\infty$	$\cdots$	$-\sqrt{2}$	$\cdots$	$\sqrt{2}$	$\cdots$	∞
$V'(a)$		$-$	0	$+$	0	$-$	
$V(a)$	∞	$\searrow$	$-\dfrac{64\sqrt{2}}{5}$	$\nearrow$	$\dfrac{64\sqrt{2}}{5}$	$\searrow$	$-\infty$

a는 길이이므로 $a>0$이다. 따라서, $a=\sqrt{2}$일 때 직육면체 부피의 최댓값은 $\dfrac{64\sqrt{2}}{5}$ 이다.

답 $\dfrac{64\sqrt{2}}{5}$

문제3 지름의 길이가 8인 반원이 있다. 지름의 양 끝점을 각각 점 A, 점 B로 할 때, 이 반원에서 $\overset{\frown}{AB}$ 위를 움직이는 동선 P에서 수직으로 내린 점을 Q로 한다. 지름을 축으로 $\overline{PQ}$를 회전하여 생긴 직원뿔의 부피의 최댓값을 구하여라.

풀이 그림을 그려보면 아래와 같다.

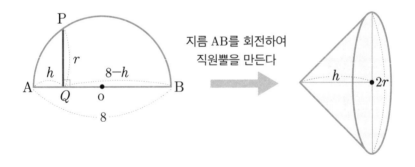

원과 현의 비례관계에 의해서 $r^2=8h-h^2$ ···①

$$V(h)=\frac{1}{3}\pi r^2 h$$

①의 식을 대입하면

$$=\frac{1}{3}\pi \times (8h-h^2) \times h$$

식을 전개하면

$$=\frac{8}{3}\pi h^2 - \frac{1}{3}\pi h^3$$

$V'(h)=\dfrac{16}{3}\pi h-\pi h^2=0$에서 $h=0$ 또는 $\dfrac{16}{3}$ 이다.

증감표와 그래프는 다음과 같다.

h	$-\infty$	$\cdots$	0	$\cdots$	$\dfrac{16}{3}$	$\cdots$	∞
$V'(h)$		$-$	0	$+$	0	$-$	
$V(h)$	∞	$\searrow$	0	$\nearrow$	$\dfrac{2048}{81}\pi$	$\searrow$	$-\infty$

그래프를 그릴 때 $\overline{\mathrm{AQ}}=h>0$, $\overline{\mathrm{QB}}=8-h>0$에 의해 제한 범위는 $0<h<8$임을 유의한다.

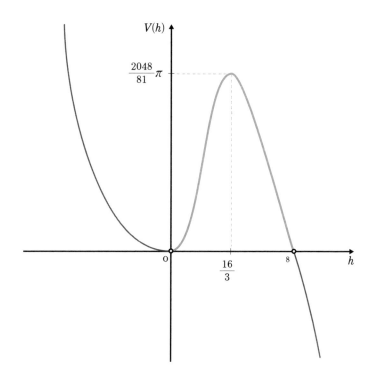

따라서 직육면체 부피의 최댓값은

$$V\left(\frac{16}{3}\right) = \frac{8}{3}\pi\left(\frac{16}{3}\right)^2 - \frac{1}{3}\pi\left(\frac{16}{3}\right)^3 = \frac{2048}{81}\pi\text{이다.}$$

답 $\dfrac{2048}{81}\pi$

원 안에 두 현 AB, CD가 점 P에서 만날 때 원과 현은 세 가지
비례관계가 성립한다.

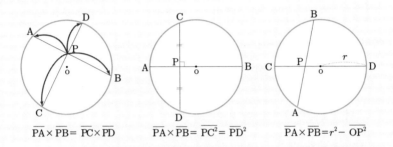

$$\overline{\mathrm{PA}} \times \overline{\mathrm{PB}} = \overline{\mathrm{PC}} \times \overline{\mathrm{PD}} \qquad \overline{\mathrm{PA}} \times \overline{\mathrm{PB}} = \overline{\mathrm{PC}}^2 = \overline{\mathrm{PD}}^2 \qquad \overline{\mathrm{PA}} \times \overline{\mathrm{PB}} = r^2 - \overline{\mathrm{OP}}^2$$

문제**3**은 두 번째 비례관계를 이용한 것이다.

3 방정식·부등식의 미분

방정식의 미분

방정식의 미분은 근의 판별이 중요하다. 이를 위해 그래프로 나타내면 더욱 쉽게 접근할 수 있다.

$\frac{2}{3}x^3 - x^2 + a = 0$을 미분하면 $f'(x) = 2x^2 - 2x = 0$, $x = 0$ 또는 1이다. $x = 0$일 때 극댓값을, $x = 1$일 때 극솟값을 가진다.

삼차방정식에서 근의 판별은 다음 세 가지로 생각할 수 있다.

(1) 서로 다른 세 실근을 가질 때

(2) 이중근과 다른 하나의 실근을 가질 때

(3) 하나의 실근과 두 허근을 가질 때

세 근을 α, β, γ로 할 때 (1)에 해당하는 그래프는 다음과 같다.

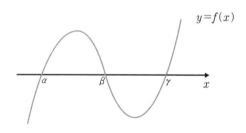

극댓값×극솟값<0

극댓값 × 극솟값 < 0이므로

극댓값 $f(0) = a$　　　…①

극솟값 $f(1) = a - \dfrac{1}{3}$　…②

①의 식 × ②의 식 < 0이므로,

$$f(0)f(1) = a\left(a - \dfrac{1}{3}\right) < 0$$

$$\therefore 0 < a < \dfrac{1}{3}$$

(2)에 해당하는 그래프는 다음과 같다.

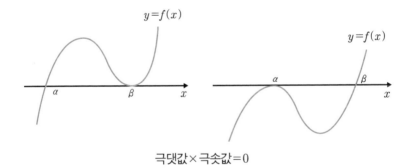

극댓값 × 극솟값 = 0

그래프는 두 가지의 경우로 그려지며 이중근은 $y = 0$이므로 또 다른 실근과 곱해도 0이 된다. 따라서 극댓값 × 극솟값 = 0이 된다.

극댓값 × 극솟값 = 0이므로

극댓값 $f(0) = a$　　　…①

극솟값 $f(1)=a-\frac{1}{3}$ $\cdots$②

①의 식× ②의 식=0이므로

$f(0)f(1)=a\left(a-\frac{1}{3}\right)=0$

$\therefore\ a=0$ 또는 $\frac{1}{3}$

(3)에 해당하는 그래프는 다음과 같다.

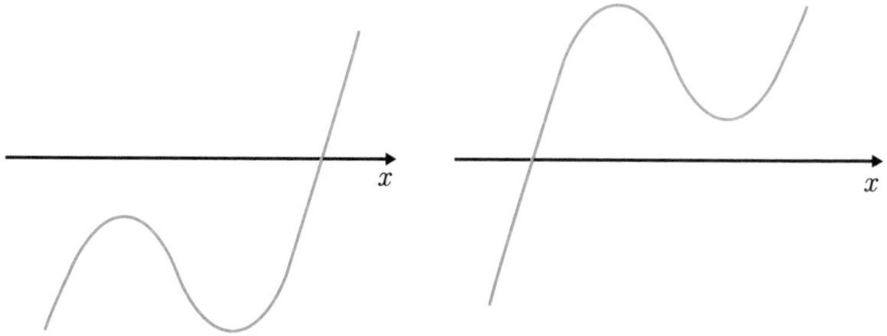

극댓값×극솟값>0

(3)의 그래프 역시 두 가지의 경우로 나타난다. 한 개의 실근과 두 개의 허근을 가질 때 왼쪽 그래프는 극댓값<0, 극솟값<0이므로 극댓값×극솟값>0이고, 오른쪽의 그래프도 극댓값>0, 극솟값>0이므로 극댓값×극솟값>0인 것이다.

극댓값×극솟값>0이므로

극댓값 $f(0)=a$ $\cdots$①

극솟값 $f(1)=a-\frac{1}{3}$ $\cdots$②

①의 식× ②의 식>0이므로

$$f(0)f(1)=a\left(a-\frac{1}{3}\right)>0$$

$$\therefore \ a<0 \ \text{또는} \ a>\frac{1}{3}$$

삼차방정식을 풀 수 있는 다른 방법도 있다. 방정식을 두 개의 함수로 나타내고 그래프를 그려 풀면 된다.

예를 들어 $\frac{2}{3}x^3-x^2+a=0$에서 $-\frac{2}{3}x^3+x^2=a$로 식을 바꾸면,

$y=-\frac{2}{3}x^3+x^2$과 $y=a$의 두 함수식이 된다.

$y'=-2x^2+2x=0$에서 $x=0$ 또는 1이다.

따라서 $f(0)=0$, $f(1)=\frac{1}{3}$ 이다. (1)에서 말한 서로 다른 세 실근을 가질 때의 그래프는 다음과 같다.

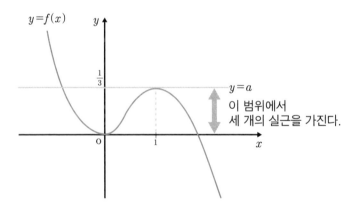

따라서 $0<a<\frac{1}{3}$ 에서 세 개의 실근을 가진다.

(2)에서 이중근과 다른 하나의 실근에 해당하는 그래프를 보자.

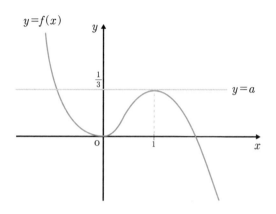

$a=0$ 또는 $\dfrac{1}{3}$ 이면 이중근과 다른 하나의 실근을 가진다.

마지막으로 (3)의 하나의 실근과 두 허근의 그래프는 다음과 같다.

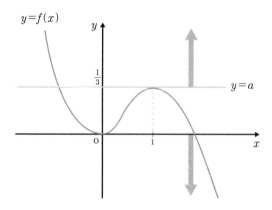

두 직선의 위와 아래 부분이 해당한다. 따라서 $a<0$ 또는

$a > \dfrac{1}{3}$ 이 된다.

계속해서 다음 문제를 풀어보자.

$0 \leq x \leq \pi$ 에서 방정식 $3\sin x\cos^2 x + \sin x - a = 0$이 가지는 근의 개수를 구하여라.

$3\sin x\cos^2 x + \sin x - a = 0$

$\qquad\qquad\qquad\qquad\qquad\qquad$ $\sin x = t$로 치환하면

$3t(1-t^2) + t - a = 0$

$\qquad\qquad\qquad\qquad\qquad\qquad$ 식을 정리하면

$-3t^3 + 4t = a$

이 두 방정식을 함수로 바꾸어 $y = -3t^3 + 4t$와 $y = a$로 나눈다.

$y' = -9t^2 + 4 = 0$에서 $t = \pm\dfrac{2}{3}$ 이다.

$f\left(-\dfrac{2}{3}\right) = -3 \times \left(-\dfrac{2}{3}\right)^3 + 4 \times \left(-\dfrac{2}{3}\right) = -\dfrac{16}{9}$,

$f\left(\dfrac{2}{3}\right) = -3 \times \left(\dfrac{2}{3}\right)^3 + 4 \times \left(\dfrac{2}{3}\right) = \dfrac{16}{9}$이다.

$0 \leq x \leq \pi$이기 때문에 $0 \leq \sin x \leq 1$이므로 $0 \leq t \leq 1$의 조건을 포함한다. 두 개의 근을 가질 때의 그래프는 다음과 같다.

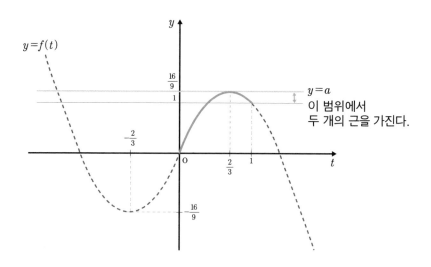

$1 \leq a \leq \dfrac{16}{9}$ 이면 근이 두 개다. 이때 주의할 것은 $a=\dfrac{16}{9}$ 일 때 이중근을 가지므로 근을 두 개 가지는 것으로 한다. 그렇다면 한 개의 근을 가질 때의 그래프는 어떻게 될까?

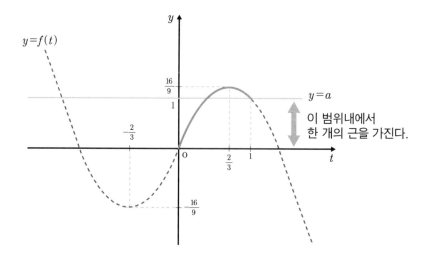

$0 \leq a < 1$이면 한 개의 근을 가진다. 계속해서 근이 없을 때의 그래프를 살펴보자.

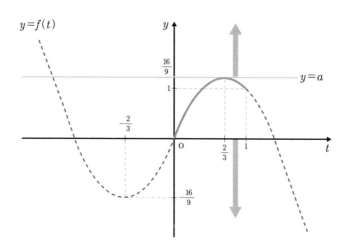

$a < 0$ 또는 $a > \dfrac{16}{9}$일 때 근을 갖지 않는다.

이번에는 삼차방정식 $\dfrac{2}{3}x^3 - x^2 - 4x + a = 0$이 한 개의 음근과 서로 다른 두 양근을 가지도록 a값 범위를 구해보자.

이 문제는 두 개의 식으로 나누어 푸는 것이 아니다. 그래프로 조건에 만족해야 한다.

$f'(x) = 2x^2 - 2x - 4 = 2(x^2 - x - 2) = 2(x+1)(x-2) = 0$에서 $x = -1$ 또는 2이다. 증감표를 작성하면 다음과 같다.

x	$-\infty$	$\cdots$	-1	$\cdots$	2	$\cdots$	∞
$f'(x)$		$+$	0	$-$	0	$+$	
$f(x)$	$-\infty$	↗	$\dfrac{7}{3}+a$	↘	$-\dfrac{20}{3}+a$	↗	∞

$$f(-1)=-\frac{2}{3}-1+4+a=\frac{7}{3}+a>0 \quad \cdots ①$$

$$f(2)=\frac{16}{3}-4-8+a=-\frac{20}{3}+a<0 \quad \cdots ②$$

y절편 $a>0$ $\qquad\qquad\qquad\qquad \cdots ③$

①의 조건에서 $f(-1)>0$이고, ②의 조건에서 $f(2)<0$이고, ③의 조건에서 $a>0$이면 한 개의 음근과 서로 다른 두 양근을 가지게 된다. 따라서 세 개의 조건이 성립해야 한다.

그래프를 그리면 다음과 같다.

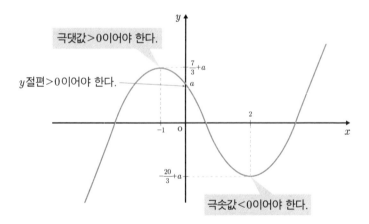

①, ②, ③의 조건을 따르면 $0<a<\dfrac{20}{3}$이 된다.

문제**1** $x^3 + \dfrac{9}{2}x^2 - 30x + 2 = 0$의 근의 개수를 구하여라.

[풀이] $f(x) = x^3 + \dfrac{9}{2}x^2 - 30x + 2$로 할 때

$f'(x) = 3x^2 + 9x - 30 = 0$에서 $x = -5$ 또는 2이다.

$f(2) = 2^3 + \dfrac{9}{2} \times 2^2 - 30 \times 2 + 2 = -32$,

$f(-5) = (-5)^3 + \dfrac{9}{2} \times (-5)^2 - 30 \times (-5) + 2$

$\qquad = -125 + \dfrac{225}{2} + 150 + 2 = \dfrac{279}{2}$이다.

$f(2)f(-5) = -32 \times \dfrac{279}{2} = -4464 < 0$이므로 세 개의 실근을

가진다. 즉, 극댓값×극솟값<0이면 세 개의 실근을 가

진다.

[답] 세 개의 실근

문제**2** 삼차방정식 $\dfrac{2}{3}x^3 + 4x^2 - 24x + b = 0$이 이중근과 다른 한 개

의 실근을 가진다고 한다. 이때 b값들의 합을 구하여라.

[풀이] $f(x) = \dfrac{2}{3}x^3 + 4x^2 - 24x + b$로 할 때

$f'(x) = 2x^2 + 8x - 24$

$\qquad = 2(x+6)(x-2) = 0$에서 $x = -6$ 또는 2이다.

$$f(-6)=\frac{2}{3}\times(-6)^3+4\times(-6)^2-24\times(-6)+b$$

$$=-144+144+144+b=144+b$$

$$f(2)=\frac{2}{3}\times2^3\times+4\times2^2-24\times2+b$$

$$=\frac{16}{3}+16-48+b=-\frac{80}{3}+b$$

그래프를 그려보면 삼차방정식에서 이중근과 한 개의 실근을 가지는 경우는 두 가지인 것을 알 수 있다.

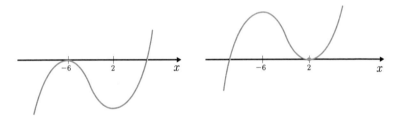

극댓값과 극솟값 중 한 개만 0이면 된다.

극댓값과 극솟값 중 한 개만 0이면 성립하므로 두 값의 곱은 항상 0이다.

$$f(-6)\times f(2)=0$$

$$(144+b)\times\left(-\frac{80}{3}+b\right)=0$$

이차방정식으로 전개하면

$$b^2 + \frac{352}{3}b - 3840 = 0$$

양변에 3을 곱하면

$$3b^2 + 352b - 11520 = 0$$

여기서 b값들의 합은 b에 관한 이차방정식의 두 근의 합과 같으므로 $-\dfrac{352}{3}$ 이다.

답 $-\dfrac{352}{3}$

문제3 $y = 2x^3 + 1$과 $y = 6x + k$가 서로 다른 세 점에서 만날 때, 상수 k값의 범위를 구하여라.

풀이 $2x^3 + 1 = 6x + k$

$f(x) = 2x^3 - 6x + 1 - k$

$f'(x) = 6x^2 - 6 = 0$에서 $x = \pm 1$이며 극댓값$\times$극솟값< 0이면 조건에 맞는 것을 알 수 있다.

$f(-1) = 2 \times (-1)^3 - 6 \times (-1) + 1 - k = 5 - k$

$f(1) = 2 \times 1^3 - 6 \times 1 + 1 - k = -k - 3$

$f(-1)f(1) = (5 - k)(-k - 3) < 0$

$\therefore -3 < k < 5$

답 $-3 < k < 5$

문제4 $\dfrac{3}{4}x^4-x^3-3x^2+a=0$이 이중근과 서로 다른 두 개의 실근을 가진다. 이때 a값들을 구하여라.

풀이 $f(x)=\dfrac{3}{4}x^4-x^3-3x^2+a$로 하면,

$f'(x)=3x^3-3x^2-6x=3x(x-2)(x+1)=0$에서 $x=-1$ 또는 0 또는 2이다.

$f(-1)=\dfrac{3}{4}\times(-1)^4-(-1)^3-3\times(-1)^2+a=a-\dfrac{5}{4}$

$f(0)=a$

$f(2)=\dfrac{3}{4}\times2^4-2^3-3\times2^2+a=a-8$

이를 증감표와 그래프로 나타내면 다음과 같다.

x	$-\infty$	$\cdots$	-1	$\cdots$	0	$\cdots$	2	$\cdots$	∞
$f'(x)$		$-$	0	$+$	0	$-$	0	$+$	
$f(x)$	∞	$\searrow$	$a-\dfrac{5}{4}$	$\nearrow$	a	$\searrow$	$a-8$	$\nearrow$	∞

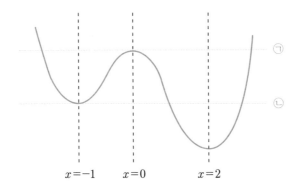

$x=-1$ $x=0$ $x=2$

㉠ 그래프를 보면 $x=0$일 때 이중근을 가지고 나머지 두 점에서 서로 다른 두 개의 근을 가진다. 이때 $f(0)=a=0$이다.

㉡ 그래프를 보면 $x=-1$에서 이중근을 가지고 나머지 두 점에서 서로 다른 두 개의 근을 가진다. 이때 $f(-1)=a-\dfrac{5}{4}=0$, 즉 $a=\dfrac{5}{4}$이다.

답 $a=0$ 또는 $\dfrac{5}{4}$

부등식의 미분

열린 구간 $(-\infty, \infty)$에서 $f(x)$의 최솟값>0이면 x의 모든 실수값에 대해 $f(x)>0$이 성립한다. 모든 실수 x에 대해 부등식 $x^4+4a^3x+3>0$이 항상 성립하는 a 범위를 구하라는 문제가 있다고 하자. 가장 먼저 미분하면 $f'(x)=4x^3+4a^3=4(x+a)$ $\times(x^2-ax+a^2)=0$으로 $x=-a$이다. 증감표를 만들면 다음과 같다.

x	$-\infty$	$\cdots$	$-a$	$\cdots$	∞
$f'(x)$		$-$	0	$+$	
$f(x)$	∞	$\searrow$	$-3a^4+3$	$\nearrow$	∞

그래프는 다음과 같다.

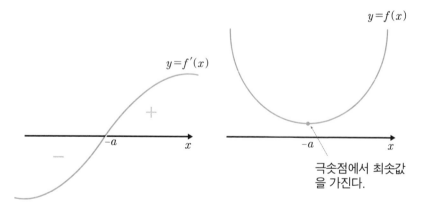

극솟점에서 최솟값을 가진다.

사차함수이면서도 그래프의 형태는 이차함수이다. $x=-a$에서 극솟값이 최솟값이 되며, $f(-a)=-3a^4+3>0$이므로 $-1<a<1$ 이다.

이번에는 $a>0$일 때 $x\geq\ln ax$를 만족하는 a를 찾을 수 있는지 알아보자. $f(x)=x-\ln ax$로 하고, $f'(x)=1-\dfrac{a}{ax}=1-\dfrac{1}{x}$ 이다. $\ln ax$에서 $a>0$이므로 $x>0$이다. $x<0$인 범위는 그래프에서 생각하지 않는다. 그래프를 그리면 다음과 같다.

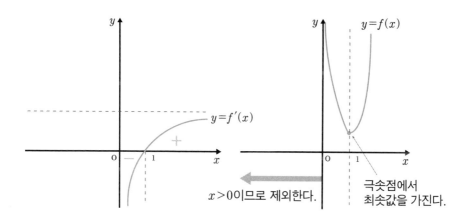

$x>0$이므로 제외한다.

극솟점에서
최솟값을 가진다.

$f(1)=1-\ln a\geq 0$이므로 $0<a\leq e$ 이다.

문제**1** $x \geq 0$에서 $x^3 \geq 2x^2 + 4x + k$일 때 k값의 범위는?

[풀이] $f(x) = x^3 - 2x^2 - 4x - k$로 하면, $f'(x) = 3x^2 - 4x - 4 = 0$에서 $x = -\dfrac{2}{3}$ 또는 2이며 그래프는 다음과 같다.

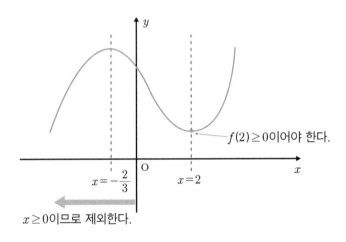

$f(2) \geq 0$이어야 한다.

$x = -\dfrac{2}{3}$ $x = 2$

$x \geq 0$이므로 제외한다.

$$f(2) = 2^3 - 2 \times 2^2 - 4 \times 2 - k \geq 0$$

$$\therefore k \leq -8$$

[답] $k \leq -8$

문제**2** 삼차방정식 $x^3 - 3x + 1 = 0$의 서로 다른 세 실근을 α, β, γ $(\alpha < \beta < \gamma)$로 할 때, β의 범위를 정하여라.

풀이 $f(x)=x^3-3x+1$로 놓으면, $f'(x)=3x^2-3=0$에서

$x=\pm1$, $f(-1)=3$, $f(1)=-1$이다.

그래프로 나타내면 다음과 같다.

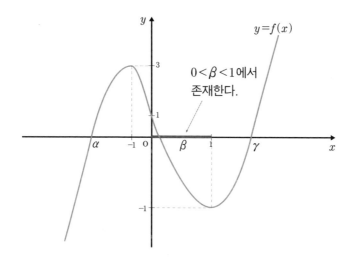

만약 $-1<\beta<0$이면 $f(0)\neq1$이므로 성립하지 않는다. 그리고 $\beta>1$인 경우도 극솟값이 변하기 때문에 성립하지 않는다. 따라서 $0<\beta<1$.

답 $0<\beta<1$

4 속도·가속도의 미분

    물리에서 운동을 한다는 것은 이동하는 것을 말한다. 수학은 이를 조금 더 구체화해 운동을 했을 때 직선운동인지 평면운동인지 공간운동인지에 대해 수리적으로 나타낸다. 이 단원에서는 위치를 미분하면 속도로, 속도를 미분하면 가속도가 되는 원리를 설명할 것이다.

    점 P를 나타내는 좌표는 P(x)로 표시하며 x는 좌표 또는 위치이다. x가 변하는 것은 물체가 이동한다는 것을 의미한다. 즉, 물체운동은 시간에 대한 함수화이다. 예를 들어 원점 $(0, 0)$을 시작으로 1초 후에 점 $(1, 1)$, 2초 후에 점 $(2, 8)$, 3초 후에 점 $(3, 27)$로 이동한다면 '물체의 위치＝시간에 따른 이동'이 되어 $x=f(t)$로 나타낸다. 따라서 $x=t^3$이다.

    한편 $x=f(t)$에서 $t=a$일 때 위치는 $f(a)$, $t=b$일 때 $f(b)$이다. 그런데 이렇게 이동을 하면 앞으로 간 것인지 뒤로 간 것인지 구별이 되지 않는다. 이를 구별하기 위해 변위를 사용한다. 변위는 '나중 위치－처음 위치'로 구할 수 있다. 다음 수직선을 보자.

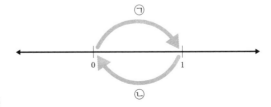

㉠은 0에서 1로 이동한 것을 말하며 변위는 1-0=1이므로 정방향으로 간 것이다. ㉡은 1에서 0으로 이동한 것으로 변위는 0-1=-1, 따라서 역방향으로 간 것이다. 이처럼 변위는 정방향^{正方}^{向}인지 역방향^{逆方向}인지를 구별하는 기준이 된다.

때문에 속도$=\dfrac{변위}{걸린\ 시간}$ 이며, 속력은 |속도|이다. 속도는 변위에 정비례하지만 양(+)의 부호, 음(-)의 부호를 가지며, 속력은 양(+)의 부호만 가진다. 그러므로 속도가 더 정확한 위치의 방향을 나타낸다고 볼 수 있다.

$t=a$부터 $t=b$까지 평균속도$=\dfrac{f(b)-f(a)}{b-a}$ 이다. 이것은 평균변화율과 같다. 또 $t=a$에서 순간속도$=\lim\limits_{\Delta h \to 0}\dfrac{f(a+h)-f(a)}{h}=$ $f'(a)$이다. 이것은 순간변화율과 같다. 그리고 일반적으로 순간속도$=\lim\limits_{\Delta h \to 0}\dfrac{f(t+h)-f(t)}{h}=f'(t)$로 나타낸다.

이를 토대로 위치함수와 속도, 가속도의 구하는 공식을 나타내면 다음과 같다.

위치함수   속도   가속도
$x=f(t)$ 미분하면 $v=f'(t)$ 미분하면 $a=f''(t)$

원점을 출발하여 수직선 위를 움직이는 점 P의 t 초 후 위치는 t^3-10t^2+16t이다. 이 함수에서 점 P가 마지막으로 원점을 통과

할 때의 속도를 구할 수 있을까?

위치함수 $x=t^3-10t^2+16t$로, 미분해 속도 $v=3t^2-20t+16$으로 나타낼 수 있다. 점 P가 마지막으로 원점을 통과할 때를 구하려면 $x=t^3-10t^2+16t=0$으로 놓고 푼다.

$t^3-10t^2+16t=0$

인수분해하면

$t(t-2)(t-8)=0$

$t=0$ 또는 2 또는 8이다. 여기서 $t=8$일 때 마지막으로 원점을 통과한다.

이에 따라 $v_{t=8}=3\times8^2-20\times8+16=192-160+16=48$이다. 따라서 8초 후 속도는 48이 된다.

이번에는 속도를 미분하여 가속도를 구해보자.

$a=6t-20$의 식이 나온다. 가속도가 10일 때 시각을 알고 싶으면 $a=10$을 대입한다. 이에 따라 $10=6t-20$이며 $t=5$이다. 따라서 점 P의 위치는 t^3-10t^2+16t에 5를 대입, -45가 된다.

수직선 위를 움직이는 두 점 P, Q의 시각이 t일 때 위치는 $P(t)=\dfrac{2}{3}t^3+2t+\dfrac{4}{3}$, $Q(t)=10t-7$이다. 두 점 P, Q의 속도가 같아지는 순간 두 점 P, Q 사이의 거리를 구하라는 문제가 있다면 위치함수를 각각 미분한다.

$$v_P = 2t^2 + 2, \; v_Q = 10$$

속도가 같으므로 $v_P = v_Q$로 놓으면

$$2t^2 + 2 = 10$$

$$2t^2 = 8$$

$t = \pm 2$이며 $t > 0$이므로 $t = 2$이다.

$P(2) = \dfrac{32}{3}$, $Q(2) = 13$이므로 $Q(2) - P(2) = \dfrac{7}{3}$ 이다.

계속해서 원점을 출발해 수직선 위를 움직이는 점 P의 시각 t에서 속도 v의 그래프를 살펴보자.

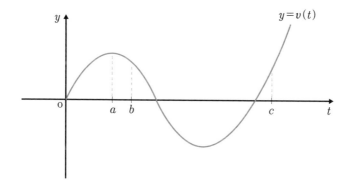

$t = a$에서 $v(t)$는 극댓값을 가지는데 이 극댓값을 가지는 $x = a$인 점에서 가속도는 0이다. $x = b$인 점은 가속도가 음수이다. 즉 미분하면 음의 기울기가 된다. 그리고 $0 < t < c$에서 운동방향을 두 번 바꾼다. 이 의미는 다음의 그래프에서 설명한다.

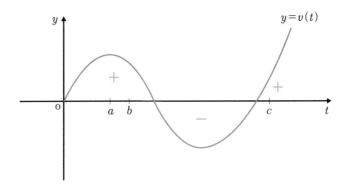

$y=v(t)$가 x축을 기준으로 위로 올라가 있으면 한쪽 방향으로 계속 가고 아래로 내려가 있으면 방향을 바꿔 움직인 것이다. 따라서 위 그래프는 한쪽 방향으로 가다가 방향을 바꾼 후 또 다시 방향을 바꿔 간 것을 알 수 있다.

그렇다면 다음 그래프는 운동방향을 몇 번 바꾸었을까?

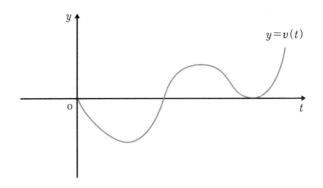

그래프를 이해하기 쉽게 양(+), 음(−)의 부호를 써 놓으면 다음과 같다.

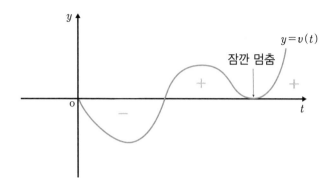

그래프에 미리 표시한대로 운동방향은 음(−)에서 양(+)으로
한 번 바뀌었다. 그리고 t축과 한 점에서 만난 점은 $y=v(t)$의 그
래프가 잠깐 멈추었다가 다시 속도를 냈음을 의미한다.

속도가 0이 되는 순간은 다음의 세 가지 경우이다.

(1) 운동방향을 바꿀 때

(2) 물체가 최고점에 도달할 때

(3) 브레이크를 밟아 정지할 때

계속해서 다음 그래프를 보자.

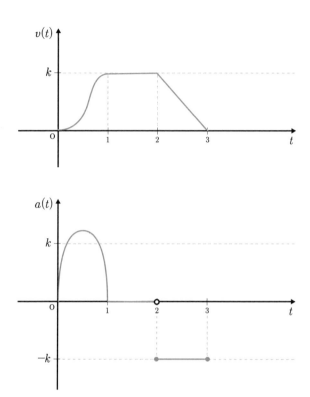

위의 그래프는 시간(t)에 따른 속도 $v(t)$와 가속도 $a(t)$의 관계를 나타낸 것이다. $v(t)$는 $t=2$에서 미분이 불가능하고, 열린 구간 $(0, 3)$에서 미분이 가능하다고 하자. $v(t)$의 그래프가 열린 구간 $(0, 1)$에서 원점과 점 $(1, k)$를 잇는 직선과 한점에서 만난다고 하면 위의 그래프를 분석할 수 있는지 확인해보자.

우선 열린 구간 $(0, 1)$을 보면 속도가 급증하다가 서서히 감소하는 S자 형태인 것을 알 수 있다. $t=0$에서 1까지 그래프를 잘라 조금 더 자세히 살펴보자.

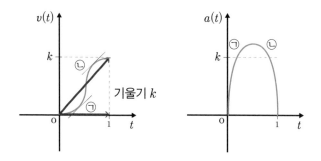

㉠과 ㉡은 기울기 k와 같다. $v(t)$ 그래프에서 ㉠과 ㉡ 사이는 기울기가 k보다 더 크므로 $a(t)$ 그래프의 위를 상회하게 된다.

$t=1$에서 2까지는 등속운동을 했으므로 가속도는 0이 된다. $t=2$에서 3까지는 감속했으니 가속도가 음($-$)이 되는 것을 나타낸다.

벡터를 이용한 평면 위의 운동

평면 위를 움직이는 점 P의 시각 t에서 위치 (x, y)가 $x=f(t)$, $y=g(t)$이면 속도, 속력, 가속도, 가속도의 크기는 벡터를 이용해 다음과 같이 나타낸다.

$$\text{속도 } \vec{v}=\left(\frac{dx}{dt},\ \frac{dy}{dt} \right)=(f'(t),\ g'(t))$$

속력 $|\vec{v}| = \sqrt{\left(\dfrac{dx}{dt}\right)^2 + \left(\dfrac{dy}{dt}\right)^2} = \sqrt{(f'(t))^2 + (g'(t))^2}$

가속도 $\vec{a} = \left(\dfrac{d^2x}{dt^2}, \dfrac{d^2y}{dt^2}\right) = (f''(t), g''(t))$

가속도의 크기 $|\vec{a}|$

$$= \sqrt{\left(\dfrac{d^2x}{dt^2}\right)^2 + \left(\dfrac{d^2y}{dt^2}\right)^2} = \sqrt{(f''(t))^2 + (g''(t))^2}$$

임의의 곡선 위의 점 P에서 x를 시각 t를 나타내는 $f(t)$로, y를 시각 t를 나타내는 $g(t)$로 두면 $\vec{v}$는 $\left(\dfrac{dx}{dt}, \dfrac{dy}{dt}\right)$이다.

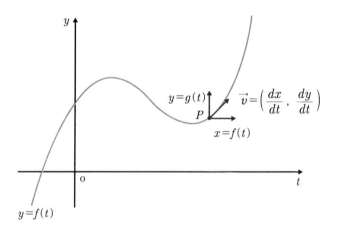

$\vec{v}$의 방향은 접선 방향이 되며 점 P에서 기울기이다.

좌표평면 위를 움직이는 점 $P(x, y)$의 시각 t에서 위치가 $x = 3t, y = t^3 + 1$일 때 $t = 2$에서 속도 v를 구해보면,

$v_x = \dfrac{dx}{dt} = 3, \ v_y = \dfrac{dy}{dt} = 3t^2 = 12, \ v = (v_x, \ v_y) = (3, \ 12)$이다. 이

것은 매개변수를 이용한 도함수를 구하는 것과 같다.

이번에는 좌표평면 위를 움직이는 점 $P(x, \ y)$의 시각 t에서

$x = t + \sin t, \ y = \cos t$일 때 $t = 3$에서 속도 v를 구해보자.

$v_x = \dfrac{dx}{dt} = 1 + \cos t = 1 + \cos 3, \ v_y = \dfrac{dy}{dt} = -\sin t = -\sin 3$이며,

$v = (v_x, v_y) = (1 + \cos 3, \ -\sin 3)$이 된다.

좌표평면 위를 움직이는 점 $P(x, \ y)$의 시각 t에서 위치가

$x = t - \cos t, \ y = t - \sin t$일 때 $t = \dfrac{\pi}{6}$에서 점 P의 가속도와 가속

도의 크기를 구해보자.

$$v_x = \frac{dx}{dt} = 1 + \sin t, \ v_y = \frac{dy}{dt} = 1 - \cos t$$

$$a_x = \frac{dv_x}{dt} = \cos t, \ a_y = \frac{dv_y}{dt} = \sin t,$$

$$a = (a_x, a_y) = \left(\cos \frac{\pi}{6}, \ \sin \frac{\pi}{6} \right) = \left(\frac{\sqrt{3}}{2}, \ \frac{1}{2} \right),$$

가속도의 크기 $|\vec{a}| = \sqrt{\left(\dfrac{\sqrt{3}}{2} \right)^2 + \left(\dfrac{1}{2} \right)^2} = 1$이다.

문제1 진수는 놀이공원에서 관람차의 가장 아래 지점에 홀로 탑승했다. 가장 아래 지점에서 출발하여 회전하기 시작한 지 t분 후의 관람차의 높이가 y m가 되었을 때를 $y=20-20\cos\dfrac{\pi}{10}(t-20)(0\leq t\leq 20)$으로 나타낸다. 그렇다면 탑승 후 가장 높은 지점의 시간은 몇 분 후인가?

풀이 높이 y를 미분하면 $y'=2\pi\sin\dfrac{\pi}{10}(t-20)=0$이며 $t=0$, 10, 20이다.

$y_{t=0}=20-20\cos(-2\pi)=0$

$y_{t=10}=20-20\cos(-\pi)=40$

$y_{t=20}=20-20\cos 0=0$

따라서 $t=10$일 때 관람차는 가장 높은 지점에 있다.

답 10분 후

문제2 원점을 출발하여 수직선 위를 움직이는 점 P의 시각 t의 위치가 $x=t^3-4t^2+4t$일 때 $t=3$에서 속도 v와 가속도 a를 구하여라.

풀이 $x=t^3-4t^2+4t$를 미분하면 $v(t)=3t^2-8t+4$에서 $t=3$을 대입하면 $v(3)=7$이다. 그리고 $v(t)$를 미분하면 $a(t)=6t-8$이며, $t=3$을 대입하면 $a(3)=10$이다.

답 $v(3)=7$, $a(3)=10$

문제3 다음 문장에서 설명하는 것을 읽고 괄호 안에 알맞은 답을 채워 넣어라. 원점을 출발하여 수직선 위를 움직이는 점 P의 시각 t의 속도 $v(t)$의 그래프는 다음 그림과 같다.

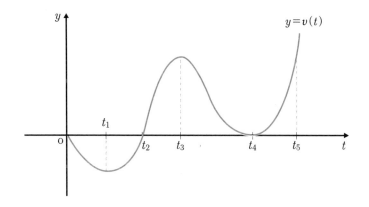

출발 후 점 P가 처음으로 방향을 바꾼 시각은 (   )이다. 그리고 $0<t<t_5$에서 점 P는 운동방향을 (   )번 바꾸었다. $v(t_1)+v(t_3)<0$일 때, $0<t<t_4$에서 속력이 최대인 시각은 (   )이다.

풀이 점 P가 원점에서 출발하여 t_2까지 역방향으로 가다가 t_2에서

t_4로 정방향으로 간다. 이때 도중에 t_4에서 잠깐 멈추었고 그 이후 계속 정방향으로 갔다. 따라서 t_2에서 처음으로 방향을 바꾼 것이 되며, 1번이다. 그리고 속력이 최대인 점은 t_3일 때로 이때 최댓값을 가지게 된다.

답 괄호 순서대로 t_2, 1, t_3

문제4 두 자동차 A, B가 같은 지점에서 동시에 출발하여 직선 도로를 한 방향으로만 달리고 있다. t초 동안 A, B가 움직인 거리는 각각 미분이 가능한 함수 $f(t)$, $g(t)$로 주어지고 다음이 성립한다고 한다.

(i) $f(15) = g(15)$

(ii) $5 \leq t \leq 25$에서 $f'(t) < g'(t)$

$5 \leq t \leq 25$의 A와 B의 위치에 관한 다음 설명 중 옳은 것은?

① B가 항상 A의 앞에 있다.

② A가 항상 B의 앞에 있다.

③ B가 A를 한 번 앞선다.

④ A가 B를 한 번 앞선다.

⑤ B가 A를 앞선 후 A가 다시 B를 앞선다.

풀이 (i)에 의하여 15초인 순간에 A, B는 같은 위치이고, (ii)에 의하여 $5 \le t \le 25$에서 B의 속력 $g'(t)$가 A의 속력 $f'(t)$보다 더 크므로 $5 \le t \le 15$에서 A가 B의 앞에 있었고 $15 < t \le 25$에서 B가 A보다 앞에 있다. $t > 15$인 지점부터 B가 A를 앞서기 시작한 것이다.

즉 B가 A를 한 번 앞선다.

답 ③

문제5 오른쪽 그림과 같이 경사각이 $60°$인 비탈길 아래에서 속도 v_0로 공을 위로 굴리면 t초 후의 공의 높이 $h(t) = \frac{1}{2} v_0 t - 3t^2$이다. 처음 속도가 $20^{cm}/s$이면 이 공은 몇 cm 굴러가다가 되돌아오게 될까?(단 마찰은 무시한다)

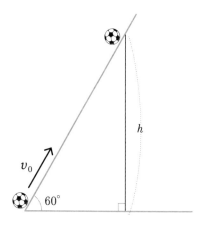

풀이 공이 굴러가다가 되돌아오는 순간은 높이가 최대인 경우이

므로, $v_0 = 20$ (cm/s)에서

$$h(t) = \frac{1}{2} \times 20t - 3t^2 = 10t - 3t^2$$

따라서 공의 속도 $v(t) = 10 - 6t$이고, 공이 가장 높이 올라갔

을 때 속도가 0이므로 $t = \frac{5}{3}$ 일 때 h는 최대이다.

$$\therefore h\left(\frac{5}{3}\right) = 10 \times \frac{5}{3} - 3 \times \left(\frac{5}{3}\right)^2 = \frac{25}{3}$$

따라서 공이 굴러간 거리를 x로 하면,

$\sin 60° = \dfrac{h}{x}$ 이므로,

$$x = \frac{h}{\sin 60°} = \frac{\dfrac{25}{3}}{\dfrac{\sqrt{3}}{2}} = \frac{50\sqrt{3}}{9} \text{(cm)}$$

답 $\dfrac{50\sqrt{3}}{9}$ cm

문제 6 고속도로를 a m/s의 일정한 속도로 주행하는 자동차가 있다.
이 자동차의 운전자는 20m 앞에서 이상한 물체를 발견하고
바로 급브레이크를 밟아 물체 바로 앞에서 멈출 수 있었다.
이 운전자가 급브레이크를 밟은 뒤부터 자동차가 t초 후 달
린 거리 l의 관계식이 $l = at - \dfrac{1}{6} t^2$일 때, a값을 구하여라.

풀이 운전자가 급브레이크를 밟은 뒤 t초 후의 속도는 거리 l을
미분하면 $v(t) = a - \dfrac{t}{3}$ 이다. 자동차가 멈출 때 속도는 0이
므로 $v(t) = a - \dfrac{t}{3} = 0$에서 $t = 3a$

자동차가 $3a$초 동안 달린 거리는 20m이므로

$$a \times 3a - \frac{1}{6} \times (3a)^2 = 20$$

$$\frac{3}{2} a^2 = 20$$

$$a = \pm \sqrt{\frac{40}{3}} = \pm \frac{2\sqrt{30}}{3} \text{이며},\ a > 0 \text{이므로}\ a = \frac{2\sqrt{30}}{3}.$$

답 $\dfrac{2\sqrt{30}}{3}$ m/s

문제7 좌표평면 위를 움직이는 점 $\mathrm{P}(x,\ y)$의 시각 t에서 위치가
$x = bt + \cos t$, $y = 2 + \sin t$일 때 $t = \dfrac{\pi}{4}$ 에서 속력이 1이면 상
수 b를 구하여라.

풀이 $v_x = \dfrac{dx}{dt} = b - \sin t = b - \sin \dfrac{\pi}{4} = b - \dfrac{\sqrt{2}}{2}$

$v_y = \dfrac{dy}{dt} = \cos t = \cos \dfrac{\pi}{4} = \dfrac{\sqrt{2}}{2}$

$|v| = \sqrt{(v_x)^2 + (v_y)^2}$

$\quad = \sqrt{\left(b - \dfrac{\sqrt{2}}{2}\right)^2 + \left(\dfrac{\sqrt{2}}{2}\right)^2} = 1$

$\therefore b = 0$ 또는 $\sqrt{2}$

답 0 또는 $\sqrt{2}$

넓이와 부피의 변화율

• 넓이의 변화율

시각 t에서 넓이가 S인 도형이 Δt 시간이 지난 후 넓이가 ΔS만큼 변했다고 하면 시각 t에서 넓이 S의 변화율은 $\lim\limits_{\Delta t \to 0} \dfrac{\Delta S}{\Delta t} = \dfrac{dS}{dt}$ 즉 $S = f(t)$를 미분한 것이다.

넓이에 대한 변화율을 쉽게 이해하도록 다음 예제를 풀어보자.

정삼각형의 한 변의 길이는 2이며, 매초 1씩 늘어난다. 그렇다면 5초일 때 변화율은 어떻게 될까?

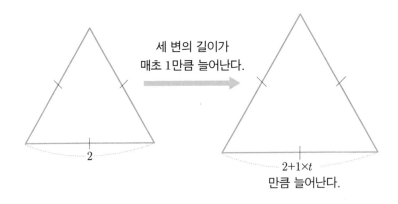

세 변의 길이가 매초 1만큼 늘어난다.

$2+1 \times t$ 만큼 늘어난다.

매초 1씩 늘어나므로 넓이 $S = \dfrac{\sqrt{3}}{4}(2+t)^2$이다. 넓이의 변화율 $S' = \dfrac{\sqrt{3}}{2}(2+t)$이다. 따라서 5초일 때 변화율은 $S'_{t=5} = \dfrac{7\sqrt{3}}{2}$ 이다.

가로, 세로의 길이가 각각 9cm, 4cm인 직사각형이 있다. 가로, 세로의 길이가 매초 0.2cm, 0.3cm씩 늘고 있다면 이 직사각형이

정사각형이 되는 순간의 넓이 변화율을 알아보자. 그림을 그려보
면 다음과 같다.

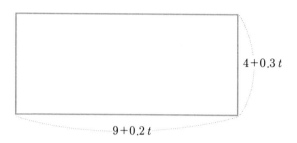

직사각형이 정사각형이 되는 순간의 시각 t는 직사각형의 가로
의 길이와 세로의 길이가 같을 때이다.

$9+0.2t=4+0.3t$, 따라서 $t=50$.

$S=(9+0.2t)(4+0.3t)$

$S'=3.5+0.12t$

$t=50$일 때 직사각형이 정사각형이 되므로 $S'_{t=50}=9.5$

문제1 가로가 14, 세로가 2인 직사각형이 있다. 가로의 길이는 매초 0.7, 세로의 길이는 매초 1.2가 늘어난다. 세로의 길이가 늘어나는 속도가 빠르므로 어느 정도 시간이 지나면 정사각형이 된다. 정사각형이 된 순간 넓이의 변화율을 구하여라.

풀이 가로의 길이는 매초 0.7씩 늘어나므로 $14+0.7t$로 놓고, 세로의 길이는 매초 1.2씩 늘어나므로 $2+1.2t$가 된다. 가로와 세로의 길이가 같아지는 시간을 구하기 위해서 동치식으로 놓으면 $14+0.7t=2+1.2t$, 따라서 $t=24$초이다.

$S=(14+0.7t)(2+1.2t)=0.84t^2+18.2t+28$

$S'=1.68t+18.2$

$S'_{t=24}=1.68\times24+18.2=40.32+18.2=58.52$

답 58.52

• 부피의 변화율

시각 t에서 부피가 V인 입체도형이 Δt 시간이 지난 후 부피가 ΔV만큼 변하면 시각 t에서 부피 V의 변화율은 $\lim\limits_{\Delta t \to 0} \dfrac{\Delta V}{\Delta t} = \dfrac{dV}{dt}$ 즉, $V = f(t)$를 미분한 것이다. 이에 대한 예제를 풀어보자.

반지름 길이가 2cm인 구 모양의 풍선에 공기를 넣으면 반지름 길이가 2mm씩 늘어난다. 풍선에 공기를 넣기 시작해 반지름의 길이가 3cm가 되었다면 겉넓이의 변화율은 어떻게 될까?

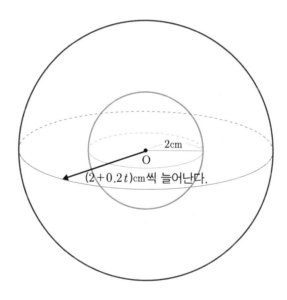

구의 반지름 길이가 2cm이므로 매초 2mm씩 늘어나면 매초 0.2cm씩 늘어나므로 $(2+0.2t)$cm씩 늘어나게 된다. 풍선의 반지름 길이가 3cm가 되는 시각은 $2+0.2t=3$이며, $t=5$이다.

구의 겉넓이 $S = 4\pi(2+0.2t)^2$

$$S'=4\pi \times 2 \times (2+0.2t) \times 0.2 = 1.6\pi (2+0.2t)$$

$t=5$를 대입하면

$$S'_{t=5}=4.8\pi$$

또한 풍선의 부피 변화율은,

$$V=\frac{4}{3}\pi (2+0.2t)^3$$

$$V'=4\pi (2+0.2t)^2 \times 0.2 = 0.8\pi (2+0.2t)^2$$

$t=5$를 대입하면

$$V'_{t=5}=7.2\pi$$

윗면의 반지름이 10cm, 깊이가 20cm인 직원뿔 모양의 물병이 있다. 물을 20cm^3/s로 부으면 구멍이 나서 꼭짓점에서 10cm^3/s의 속도로 물이 빠져나간다. 물의 깊이가 6cm이면 수면은 매초 몇 cm의 속도로 올라갈까? 그리고 수면의 반지름 변화율과 넓이의 변화율도 알아보자. 그림을 그려보면 다음과 같다.

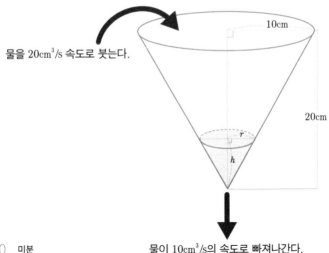

물을 20cm^3/s 속도로 붓는다.

10cm

20cm

r

h

물이 10cm^3/s의 속도로 빠져나간다.

삼각형의 닮음을 이용해 $h:r=20:10$이므로 $r=\dfrac{h}{2}$ $\cdots$①

①의 식을 대입하면

부피 $V=\dfrac{1}{3}\pi r^2 h=\dfrac{1}{3}\pi\left(\dfrac{h}{2}\right)^2 h=\dfrac{\pi h^3}{12}$

t에 대해 미분하면

$\dfrac{dV}{dt}=\dfrac{\pi h^2}{4}\times\dfrac{dh}{dt}$ 이며 $\dfrac{dV}{dt}=20-10=10$이다.

$h=6$이므로 $\dfrac{dh}{dt}=10\times\dfrac{4}{\pi\times 6^2}=\dfrac{10}{9\pi}$ 이다.

따라서 수면은 $\dfrac{10}{9\pi}$ (cm/s)의 속도로 올라간다.

수면의 반지름 변화율을 알아보자.

$\dfrac{dr}{dt}$ 을 구하면 되는데 ①의 식을 $h=2r$로 바꾸어

$V=\dfrac{1}{3}\pi r^2 h=\dfrac{1}{3}\pi r^2\times 2r=\dfrac{2\pi r^3}{3}$ 이다.

그리고 $h=2r$이며 $h=6$. 따라서 $r=3$이다.

$\dfrac{dV}{dt}=2\pi r^2\dfrac{dr}{dt}$ 에서 $\dfrac{dV}{dt}=10$을 대입하면 $\dfrac{dr}{dt}=\dfrac{5}{9\pi}$ (cm/s)이다.

수면의 넓이의 변화율은 $\dfrac{dS}{dt}$ 를 구하면 되는데, $S=\pi r^2$에서

$\dfrac{dS}{dt}=2\pi r\dfrac{dr}{dt}$ 이며, $r=3$과 $\dfrac{dr}{dt}=\dfrac{5}{9\pi}$ 를 대입하면 $\dfrac{10}{3}$ (cm²/s)이다.

문제1 사각형 모양의 철판 세 장을 구입해 두 장은 원 모양으로 오려 아랫면과 윗면으로, 나머지 한 장은 몸통으로 해서 그림과 같은 원기둥 모양의 보일러를 제작하려 한다. 철판은 사각형의 가로와 세로의 길이를 임의로 정해서 구입할 수 있고 철판의 가격은 $1m^2$ 당 1만 원이다. 보일러의 부피가 $64m^3$가 되도록 만들기 위해 필요한 철판을 구입하는데 드는 최소 비용은?

풀이 보일러의 전개도와 겨냥도는 다음과 같다.

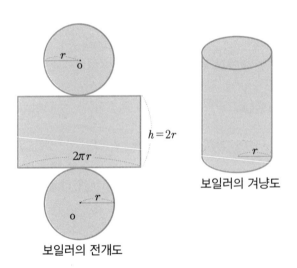

보일러의 겨냥도

보일러의 전개도

$$V = \pi r^2 h = 64$$

양변을 r로 나누면

$$\pi rh = \frac{64}{r} \quad \cdots ①$$

철판을 구입할 때 밑면 모양의 철판은 없으므로 한 변의 길이 $2r$인 정사각형을 구입해야 한다.

비용 함수 $f(r) = 2r \times 2r \times 2 + 2\pi rh = 8r^2 + 2\pi rh$

①의 식을 대입하면

$$= 8r^2 + 2 \times \frac{64}{r} = 8r^2 + \frac{128}{r}$$

$f'(r) = 16r - \dfrac{128}{r^2} = \dfrac{16r^3 - 128}{r^2} = 0$에서 $r = 2$이다.

따라서 비용은 $f(2) = 96$으로 96만 원이다.

답 96만 원

문제 2 한 모서리의 길이가 10cm인 정육면체가 있다. 각 모서리의 길이가 매초 0.3cm씩 줄어들 때 모서리의 길이가 4cm가 되는 순간의 부피의 변화율은?

풀이 $l = 10 - 0.3t$이며, $V = (10 - 0.3t)^3$,

$$\frac{dV}{dt} = 3(10-0.3t)^2 \times (-0.3) = -0.9(10-0.3t)^2$$

$l=4$일 때 모서리의 길이는 $4=10-0.3t$에서 $t=20$이다.

모서리의 길이가 4cm가 되는 순간의 부피변화율은,

$$\frac{dV}{dt} = -0.9(10-0.3\times20)^2 = -14.4$$

답 $-14.4\,\text{cm}^3/\text{s}$